称賛の声

「現代の、何につけてもソフトウェアが中心、という未曾有の世界で生き残りを図るCEO、CFO、CIOに必須の洞察力を授けてくれる本だ。読まない者は読んだ者に地位を奪われるだろう」

Thomas A. Limoncelli
『The Practice of Cloud System Administration』の共著者

「本書で『これをぜひ実践してください！』と著者らが提案しているプラクティスとそのエビデンスは、洞察力を駆使した粘り強い研究の賜物である。技術・管理の両面で望ましい行動と業務のパフォーマンスとの「軽い関わり」から強い相関関係までを立証・解説している。また、成熟度に応じてレベル分けする「成熟度モデル」は神話にすぎないとしてその実態をあばき、現実的で実行可能な代替法を提案している。人、科学技術、ビジネスプロセス、そして組織設計の「交差点」で仕事をしているフリーコンサルタントの私にとっては天の恵みのような本である。

本書の第3章にも「技術系の組織でも上記2種類のプラクティスを実践することで文化の改善を図れる」とあるように、組織文化を一変させる超人的な魔法などあるわけがない。代わりに本書が提示するのは、具体的で明確な24のケイパビリティ（組織全体やグループとして保持する機能や能力）である。これを実践すれば、よりよい成果を上げられるようになるばかりか、関係者がより幸福に、そして健康になり、やる気も増し、組織もより健全で意欲あふれる『望ましい職場』となっていく。私は自分のすべてのクライアントに本書を贈呈するつもりだ」

Dan North
科学技術および組織運営が専門のフリーランスコンサルタント

「自覚の有無にかかわらず、今日、大半の組織が何らかの形で何らかの方法を使って、また何らかの事情によってソフトウェア開発に関わっている。そして大半の組織が（経費のさらなる増大と顧客の苛立ちを招く）長いリードタイム、バグが多く複雑な製品に足を引っ張られている。だが何もこんな事態に甘んずる必要はないのである。DevOpsとは何か、なぜDevOpsか、そしてどうDevOpsを実践すればよいのかについて3人の著者が明快に解説している本書を読めば、傑出した組織とはどのような存在なのかが実感できるはずだ」

Karen Martin
『Clarity First』『The Outstanding Organization』の著者

「ソフトウェアデリバリのパフォーマンスを改善する上で必要な改変作業の内容だけでなく、その理由まで詳しく説明してくれる素晴らしい本。おかげでどのレベルの関係者でも自組織をレベルアップする方法を真に理解することができる」

Ryn Daniels
Travis CIのインフラ運用エンジニア、『Effective DevOps』の著者

「現代のビル建設の極意といえば『エンジニアリングのプラクティスに精通していること』だが、ソフトウェアの世界で今求められているのは、無駄を最小限に抑え、一層のパフォーマンス向上を求める市場圧力に応じる一方で、従来に劣らぬレベルの信頼度と予測可能性を実現できるパターンとプラクティスである。

まさにそうしたパターンとプラクティスを紹介しているのが本書である。驚異的な成果を生み出せる国際水準の高業績なITチームを育成する効果の高い、実社会での応用も定量化も可能な原則を、実際の調査研究で特定し、それを提案している。

DevOpsコミュニティを牽引する2人のリーダーであるKimとHumble、ならびに国際的な研究者であるForsgren博士の共著である本書を、貴

重な資料として強く推薦する」

Jonathan Fletcher
HiscoxグループCTO

「これはアジャイル、リーン、DevOpsの概念的根拠に関して新境地を開く本ではない。むしろもっと貴重なものを提供してくれる本だ。つまり、IT関連組織のパフォーマンスを向上させる重要なケイパビリティを3人の著者が特定した際に用いた、厳密なデータ収集・分析手法と応用の経緯について詳しく解説した本なのである。同じ共著者の手による他の名著と並べて、ぜひ書棚に揃えたい良書である」

Cameron Haight
VMware南北アメリカ大陸担当バイスプレジデント兼CTO

「今後、成功と繁栄を手にするのは、デジタル技術を駆使して顧客への提供物と運用状況を改善していける組織である。本書においては、数年にわたり実施し結果を学会に発表してきた研究に基づいて、ソフトウェアデリバリのパフォーマンスやデジタル製品製造のパフォーマンスを向上させるのに最良のメトリクス、プラクティス、原則が明快に解説されている。有効なもの、無効なもの、重要でないものを明確に示してくれる本書を、デジタルトランスフォーメーションに関わるすべての人に心から推薦する」

Tom Poppendieck and Mary Poppendieck
リーン思考に基づいたソフトウェア開発に関する一連の著作の共著者

「DevOpsの理解と応用の促進という意味で多大な貢献を果たした本。DevOpsは正しく理解し実践すれば、単なる一時的流行で終わるはずがなく、また、陳腐なコンセプトの焼き直しでもないことを立証した。また、組織設計、ソフトウェア開発にまつわる組織文化、システムアーキテクチャに関わる最先端技術を、DevOpsがさらに底上げするメカニズ

ムを例証している。いや、例証するだけでなく、独自の調査研究に裏打ちされた（私にとっては前代未聞の）洞察力を駆使して、DevOpsコミュニティの定性的所見を更新さえしてくれた」

Baron Schwartz
VividCortexの創設者兼CEO、『High Performance MySQL』の共著者

Accelerate: The Science of Lean Software and DevOps

impress
top gear

テクノロジーの戦略的活用が
組織変革を加速する

LeanとDevOpsの科学

Nicole Forsgren Ph.D. ／ Jez Humble ／ Gene Kim ＝著
武舎 広幸／武舎 るみ ＝訳

Accelerate
アクセラレート

インプレス

Copyright © 2018 by Nicole Forsgren, Jez Humble, and Gene Kim
Chapter 16 Copyright © 2018 by Karen Whitley Bell and Steve Bell,
Lean IT Strategies, LLC.
Japanese translation rights arranged with C. FLETCHER & COMPANY, LLC
through Japan UNI Agency, Inc.

■正誤表について
正誤表を掲載した場合は、下記 URL のページに表示されます。
https://book.impress.co.jp/books/1118101029

※本書の内容は、2018 年 3 月発売の原著の情報に基づいています。本書で紹介した
　製品／サービスなどの名前や内容は変更される可能性があります。
※本書の内容に基づく実施・運用において発生したいかなる損害も、著者、訳者、株
　式会社インプレスは一切の責任を負いません。
※本文中に登場する会社名、製品名、サービス名は、各社の登録商標または商標です。
※本文中では ®、TM、© マークは明記しておりません。

- 称賛の声──i
- 本書に寄せて──xiv
- 序文──xvii
- クイックリファレンス──改善促進効果の高いケイパビリティ──xx
- はじめに──xxii

第1部　調査結果から見えてきたもの…2

第1章　業務を加速させるということ…5
- 1.1 「成熟度」ではなく「ケイパビリティ」に焦点を…9
- 1.2 エビデンスに基づいた変革のキーはケイパビリティ…12
- 1.3 DevOps採用の価値…14

第2章　開発組織のパフォーマンスを計測…17
- 2.1 従来の測定手法の問題点…18
- 2.2 望ましい尺度…21
- 2.3 組織のパフォーマンスとデリバリのパフォーマンス…31
- 2.4 変革の推進…34

第3章　組織文化のモデル化と測定、改善の方法…37
- 3.1 組織文化のモデル化と測定…38
- 3.2 組織文化の測定…41
- 3.3 Westrumモデルで予測できること…44
- 3.4 技術系の組織に対するWestrumモデルの意義…46
- 3.5 組織文化をどう変えていくか…48

第4章　技術的プラクティス──継続的デリバリの基本原則と効果…51
- 4.1 「継続的デリバリ」とは?…53
- 4.2 継続的デリバリの効果…56
- 4.3 品質に対する継続的デリバリの効果…61
- 4.4 継続的デリバリのプラクティス──有効性の高いものは…64
- 4.5 継続的デリバリの導入…69

第5章　アーキテクチャのキーポイント…71

- 5.1 ●システムのタイプとデリバリのパフォーマンス…73
- 5.2 ●注力すべきはデプロイとテストの容易性…75
- 5.3 ●疎結合アーキテクチャにはスケーリング促進効果も…78
- 5.4 ●必要なツールをチーム自らが選択できる…80
- 5.5 ●アーキテクチャ設計担当者が焦点を当てるエンジニアと成果…82

第6章　デリバリライフサイクルに情報セキュリティを組み込む…83

- 6.1 ●情報セキュリティのシフトレフト…85
- 6.2 ●「セキュアなソフト」を目指す動き…88

第7章　ソフトウェア管理のプラクティス…91

- 7.1 ●リーンマネジメントのプラクティス…93
- 7.2 ●負担の軽い変更管理プロセス…95

第8章　製品開発のプラクティス…99

- 8.1 ●リーン製品開発のプラクティス…101
- 8.2 ●チームによる実験…103
- 8.3 ●効果的な製品管理によるパフォーマンスの向上…104

第9章　作業を持続可能にする──デプロイ負荷とバーンアウトの軽減…107

- 9.1 ●デプロイ関連の負荷…108
- 9.2 ●バーンアウト…113

第10章 従業員の満足度、アイデンティティ、コミットメント…121

- 10.1 ●従業員ロイヤルティ…122
- 10.2 ●組織文化と帰属意識の改善…125
- 10.3 ●組織のパフォーマンスに対する職務満足度の影響…129
- 10.4 ●IT業界における多様性
  ——本調査研究で浮き彫りになった現実…131

第11章 変革型リーダーシップとマネジメントの役割…139

- 11.1 ●変革型リーダーシップ…140
- 11.2 ●管理者の役割…146
- 11.3 ●組織文化を改善しチームを支援するための秘訣…148

第2部　調査・分析方法…152

第12章 統計学的背景…155

- 12.1 ●第一次調査研究と第二次調査研究…156
- 12.2 ●質的と量的の2種類の調査研究…157
- 12.3 ●分析法の種類…158
- 12.4 ●記述的分析（記述統計）…159
- 12.5 ●探索的分析…160
- 12.6 ●推計予測的分析…163
- 12.7 ●予測的分析、因果的分析、機械論的分析…165
- 12.8 ●多変量解析…166
- 12.9 ●本書に掲載した調査研究…167

第13章 計量心理学入門…169

- 13.1 ●潜在的構成概念をもつデータの信頼性…173
- 13.2 ●潜在的構成概念は測定対象に対する考察を促す…175
- 13.3 ●潜在的構成概念はデータの見方を複数与えてくれる…177
- 13.4 ●潜在的構成概念は不良データを防ぐセーフガード…179
- 13.5 ●潜在的構成概念のシステムデータへの適用…181

第14章 アンケート調査を採用する理由…183

14.1 ●データの収集と分析を素早く行える…185
14.2 ●システムデータを用いたシステム全体の測定は
　　　困難である…187
14.3 ●システムデータによる完全な測定は困難である…189
14.4 ●アンケート調査によるデータは信頼できる…190
14.5 ●アンケート調査によってしか測定できない事柄がある…193

第15章 データの収集方法…197

第3部　改善努力の実際…204

第16章 ハイパフォーマンスを実現する
　　　　リーダーシップとマネジメント
　　　　——Steve Bell ＋ Karen Whitley Bell…207

16.1 ●ハイパフォーマンスなチームや組織を実現する
　　　管理体制…210
16.2 ●リーダーシップの変革、マネジメントの変革、
　　　チームプラクティスの変革…223

第17章 おわりに…231

付録A　改善促進効果の高いケイパビリティ…235

A.1 ●継続的デリバリの促進効果が高いケイパビリティ…236
A.2 ●アーキテクチャ関連のケイパビリティ…238
A.3 ●製品・プロセス関連のケイパビリティ…238
A.4 ●リーン思考に即した管理・監視に関わるケイパビリティ
　　　…239
A.5 ●組織文化に関わるケイパビリティ…240

付録B　統計データ…244

B.1 ●組織のパフォーマンス…245
B.2 ●ソフトウェアデリバリのパフォーマンス…246

- **B.3** ●品質…247
- **B.4** ●燃え尽き症候群とデプロイ関連の負荷…248
- **B.5** ●技術的ケイパビリティ…248
- **B.6** ●アーキテクチャ関連のケイパビリティ…249
- **B.7** ●リーンマネジメント関連のケイパビリティ…250
- **B.8** ●リーン製品管理関連のケイパビリティ…250
- **B.9** ●組織文化のケイパビリティ…251
- **B.10** ●アイデンティティ、従業員ネットプロモータースコア（eNPS）、職務満足度…252
- **B.11** ●リーダーシップ…253
- **B.12** ●多様性…254
- **B.13** ●その他…255

付録C　本調査研究で使用してきた統計的手法…257

- **C.1** ●調査の準備…257
- **C.2** ●データの収集…258
- **C.3** ●バイアスの検定…258
- **C.4** ●相関の検定…259
- **C.5** ●分類のための検定…262

謝辞…264
参考文献…269
索引…280
著者紹介…288
訳者…289
奥付…290

◇ 図の目次

- 図2.1 ●ソフトウェアデリバリのパフォーマンスの測定基準…25
- 図2.2 ●対前年比の動向:テンポ…28
- 図2.3 ●対前年比の動向:安定性…29
- 図2.4 ●ソフトウェアデリバリのパフォーマンスの影響…32
- 図3.1 ●リッカート尺度を使った組織文化判定用の質問の例…41
- 図3.2 ●Westrumが提唱した望ましい組織文化により得られる成果…45
- 図3.3 ●Westrumモデルを下敷きにした「組織文化の促進要因」…49
- 図4.1 ●継続的デリバリの促進要因…59
- 図4.2 ●継続的デリバリの効果…60
- 図4.3 ●継続的デリバリにより、良好な開発プロセスの持続可能性を高める…61
- 図4.4 ●新たな作業と予定外の作業等の比率…62
- 図5.1 ●開発者1人当たりの1日のデプロイ件数…78
- 図7.1 ●リーンマネジメントの構成要素…93
- 図7.2 ●リーンマネジメントのプラクティスの効果…95
- 図8.1 ●リーン製品開発の構成要素…102
- 図8.2 ●リーン製品管理の効果…105
- 図9.1 ●技術的プラクティスとリーン思考のプラクティスが構成員の職場生活にもたらす効果…119
- 図10.1 ●技術的プラクティスとリーンマネジメントのプラクティスが構成員の帰属意識にもたらす効果…126
- 図10.2 ●技術的プラクティスとリーンマネジメントのプラクティスが職務満足度にもたらす効果…129
- 図10.3 ●2017年度の本調査研究におけるジェンダーの内訳…133
- 図10.4 ●2017年度の本調査研究における少数人種の内訳…135
- 図11.1 ●変革型リーダーシップが技術とリーンのケイパビリティに及ぼす影響…145
- 図12.1 ●偽の相関:1人当たりのチーズ消費量とシーツによる絞首…162
- 図16.1 ●オーベヤの360度の全景…212
- 図16.2 ●INGのアジャイル型組織モデル。固定した構造はなく、常に進化を続けている(ING提供)…214
- 図16.3 ●スタンドアップにおけるキャッチボール…216
- 図A.1 ●本研究の全体の構成…242

図B.1 ●企業特性:組織の規模、所属業界、サーバーの数
（2017年）…256

◇ 表の目次

表2.1 ●設計 vs. デリバリ…22
表2.2 ●2016年のソフトウェアデリバリのパフォーマンス…26
表2.3 ●2017年のソフトウェアデリバリのパフォーマンス…26
表3.1 ●Westrumが提唱した3タイプの組織文化とその特徴
…40
表13.1●同上…174
表16.1●チーム、マネジメント、リーダーシップのそれぞれについて、
高いパフォーマンスを生む行動とプラクティスの一覧
…225
表B.1 ●手作業の割合…247

本書に寄せて

Martin Fowler
ThoughtWorks主任研究員

2、3年前、あるレポートを読んでいたら、こんな文に出くわした──「今や我々は自信をもって断言できる。IT部門のパフォーマンスの高さには、生産性、収益性、そして市場占有率を高める効果があり、組織全体の業績と高い相関をもつ」。この手のレポートは即、ゴミ箱に投げ捨てるのが私の通常の反応である。大抵は「科学」を装ったたわごとにすぎないからだ。しかしそのとき読んでいたのは『2014 State of DevOps Report（DevOpsの現況に関するレポート 2014年版）』であったため、私はためらった。著者の1人が私の同僚であり友人でもあるJez Humble氏で、私に負けず劣らずこの種のたわごとを嫌う人物であることを知っていたからだ（もっとも、正直言ってゴミ箱に投げ捨てなかった理由はもう1つある。あのレポートはiPadで読んでいたのだった）。

というわけで、私は冒頭に挙げた文の背景を探るべくHumble氏にメールを送り、その結果、2、3週後に電話でNicole Forsgren氏を加えた3人で話す機会を得た。Forsgren氏は根気強く丁寧に研究の論拠を説明してくれた。その説明は、こういった調査・分析方法には詳しくない私にとっても十分な説得力があり、通常をはるかに上回るレベルの（学術論文で発表される研究さえ凌ぐ）厳密な分析が行われている、ということが理解できた。そのため、私はその後もState of DevOpsレポートを興味深く読み続けていたが、その一方で不満も募ってきた。どの年度のレポートも研究の成果を公表するばかりで、Forsgren氏が電話で私にしてくれたような説明が一切ないのである。おかげでレポートの信頼性が大きく損なわれていた。推測だけに基づいた研究ではないことを示す根拠がほぼ皆無なのだ。そこで私も含めて内情を知る者が3人を説

得し、研究の調査・分析手法を紹介・解説する本を執筆してもらった。私としては首を長くして待った甲斐があったというものだ。心から推薦できるITデリバリの測定手法の解説本――ひと握りの分析者のバラバラな体験談に基づいた本よりはるかに優れた本――が誕生したのである。

　本書で著者3人が明かしている実態には、有無を言わさぬ説得力がある。たとえば、ソフトウェアデリバリの効率の良い組織では「メインラインへのコミット」から「本番運用」までの所要時間がわずか1時間程度であるのに対し、効率の悪い組織では何ヵ月もかかっている。効率の良い組織ではソフトウェアのアップデートを（2、3ヵ月に1度の低頻度ではなく）1日に何度も行うことで、ソフトウェアによる市場開拓能力、イベントへの対応力、競合他社より迅速に機能をリリースする能力を強化している。しかもこうした高い対応力は、安定性を犠牲にして実現されたものではない。現にこのレベルの組織は、たとえアップデートによる不具合が生じても、効率の悪い組織とは比べ物にならない速度でそれを探知し、通常1時間以内に修正することができる。本書では「速度か安定性か」という2分化（バイモーダル）の考え方に異論を投げかけるエビデンスを示し、代わりに「速度は安定性に依存する。効果的なプラクティスを実践すれば速度も安定性も高められる」と主張している。

　そんなわけで、本書が晴れて出版の運びとなったことは大変に喜ばしく、私としてはもちろん今後大いに推薦していくつもりだ（すでに草稿の段階から、さまざまな箇所を講演で引用してきた）。とはいえ、あえて2つの点に注意を促しておきたい。まず、この研究が採用したアンケート調査で、なぜ信頼性の高いデータを得られるのか、その理由が十分に説明できてはいるものの、これはあくまでも主観的な感覚に関わる回答を求める調査であるため、この研究のサンプル集団が、広く一般のIT業界の実態を正しく反映しえているのか、との疑問が残る。将来、複数のまったく別の研究チームがそれぞれに異なるアプローチでこの研究の論拠を裏付けてくれれば、この研究に対する私の信頼感はさらに強まる

だろう。ただ、本書でも同様の事例を挙げていないわけではない。チーム文化に関するGoogleの取り組みを、「Westrumが推奨した創造的な組織文化は、ソフトウェア開発チームにとってはきわめて重要な役割を果たす」との自説を補強するエビデンスとして挙げている。今後、この種のさらなる裏付けが重ねられれば、「この調査研究は、自分たちが支持し推奨している理論や運動を追認する結論を出しているだけではないか？」との私の懸念も薄らいでいくと思う。自説を支持する情報ばかりを集める「確証バイアス」の影響は甚大だ（自分自身の確証バイアスにはなかなか気づけないものなのだ）。そしてもう1点、本書の焦点の当て所がIT分野におけるデリバリに限られる、ということ——つまり、ソフトウェア開発の全工程ではなく、コミットから本番稼働の段階までにしか目を向けていない、という点——にも注意が必要である。

　以上、2点について、あえてケチを付けさせていただいた。いずれも注意を要する点ではあるが、本書の根幹となる論拠を損なうものではない。本書で紹介されているアンケート調査とその入念な分析の結果とが、大半のIT関連組織で顕著な改善を可能にするプラクティスの正当性を裏付ける、現時点では最も有力な根拠となりえている。IT関連組織の幹部や管理者には、ぜひとも本書で紹介されている手法を仔細に検討し、自組織のプラクティスの改善に活かしてほしい。また、組織のIT部門の構成員や（弊社のような）IT企業から派遣された人々など、現場担当者は、本書が推奨するプラクティスの実践と、継続的改善のための長期的、安定的なプログラムの実施に努めてほしい。本書では、2017年のIT業界の「ハイパフォーマー」の実態が明らかにされている。それを参考にして、現場担当者は努力を重ね、ぜひともハイパフォーマーの仲間入りをしてほしい。

序文

Courtney Kissler
Nikeデジタルプラットフォームエンジニアリング担当バイスプレジデント

　私の「改善の旅」は2011年の夏に始まった。当時、私は米国有数の大型百貨店チェーンNordstromに勤務しており、同社では「組織のデジタル化を推進し、これを成長の原動力とする」との戦略的意思決定を下したところだった。従来、同社のIT部門はコスト志向で最適化されていたが、（私自身がDevOps Enterprise Summit 2014における講演でも触れたように）そこからスピード重視の方向への転換を図ったのである。そしてそれが私にとっては目からウロコの「アハ体験」となった。その転換の過程で、私はいくつもの誤りを犯したため、本書の情報を当時入手し活用できていたらどんなによかったか、とつくづく思っている。私も数多くの「よくある落とし穴」にはまったのである——たとえば「アジャイル型開発手法の実践をトップダウンで命じようとした」「アジャイル手法を『汎用』と履き違えた」「測定に焦点を当てなかった（正しい測定対象を選んでいなかった）」「経営陣の言動を改善しなかった」「技術変革を『学びを重視する組織の育成』ではなく（結局実現せずに終わってしまった）プログラムの一種と見なしてしまった」といった「落とし穴」である。

　一方、この「旅」で終始焦点を当てていたのは、「成果ベースのチーム構造」への移行であった。具体的には「（バリューストリーム・マップによる）サイクルタイムの把握」「転換の影響が及ぶ範囲の限定（全チーム一斉ではなく、まずは1、2のチームに照準を定めるところから始めた）」

「データに基づくアクションと意思決定」「作業に対する割り切り[※1]」といった事柄である。いずれも一朝一夕にはできない作業で、途中、かなりの実験や試行錯誤を必要とした。

　こうした自分自身の経験に基づいて、今の私には断言できる――「本書が提案しているプラクティスを実践すれば組織のパフォーマンスを確実に高められる」と。このプラクティスはどのような種類のソフトウェアデリバリにも効果的で、手法に依存することがない。これについては私自身がすでに経験した。このプラクティスをメインフレーム環境で、従来型のパッケージソフトのアプリケーションデリバリ担当チームとプロダクトチームに対して実際にあれこれ応用したのである。また、本書が提案しているプラクティスは全組織レベルでも効果を発揮する――ただし規律と根気、改善を推進するリーダーシップ、そして人間中心の視点が必要である。何と言っても人材は組織にとって最大の資産なのだが、そのことを十分に理解し活かせている組織はまだまだ少ない。こうした「改善の旅」は容易なものではないが、やり遂げる甲斐は絶対にあると思う。より良い成果が出せるようになるだけでなく、チームの面々の幸福度も高まるからだ。たとえばNordstromでは従業員が自社を他人に推奨する比率（eNPS：employee Net Promoter Score、詳細は第10章を参照）の測定を始めたが、本書のプラクティスを実践しているチームは全社で最高のスコアを出した。

　もう1つ、この「改善の旅」で私が痛感したのは、首脳陣の支援の重要性だ。言葉だけでなく行動で示さなければならない。最高幹部は学びを重視する姿勢を前面に打ち出し、模範行動を率先して取る必要がある。また、現実・現況を把握し尊重することも大切だ。たとえばチームの面々

※1　機能のバックログ、技術的負債のバックログ、運用作業のバックログといった具合に、作業ごとに個別のバックログを作るのではなく、単独のバックログですべてを管理する。なぜならばNFR［Nonfunctional Requirements、非機能要求］も機能であることに変わりがなく、技術的負債の軽減は製品の安定性の向上につながる。

が幹部にリスクを打ち明けにくい雰囲気の組織では、首脳部は現実を正確に把握できない。その一方で、職場に対する好奇心や思い入れに欠け、何か問題が生じたときだけしか姿を見せないというのも幹部としては失格だ。要は、社員との間で信頼感を育み、問題や失策のあとに行うのは「非難」や「責任追及」ではなく「調査」だと明示することなのである（本書で紹介されているWestrumの組織文化のモデルを参照）。

　ところで、「改善の旅」を続けていると、懐疑的な意見をぶつけられることもある。「DevOpsなんて新手のアジャイル手法にすぎませんよ」「リーン思考はソフトウェアのデリバリには応用できないでしょう」「モバイルアプリチームになら効果があって当然だ。なにしろユニコーン企業（企業としての評価額が10億ドル超の、非上場のベンチャー企業）ですからね」などと私自身言われた覚えがある。私はこうした懐疑派に出くわしたときには、議論の論拠として社外の事例を引き合いに出すようにしていた。また、専門家の助言も仰いだ。そうした助言がなかったら、道を逸れずにこの旅を続けることは難しかっただろう。あの頃、本書を参考にできていたら本当に助かったのに、とは思う。だから皆さんの組織ではぜひ活用してもらいたい。私がキャリアの大半を積んできた小売業界では組織が進化を遂げることの重要性が年々増し、今やソフトウェア開発はあらゆる組織のDNAの一部とも言える時代となった。本書が提案している科学的手法には、高業績の技術系組織を育成するための改善を高速化するのに大きな効果がある。ぜひとも参考にしてほしい。

クイックリファレンス
——改善促進効果の高いケイパビリティ

　本研究では、ソフトウェアデリバリのパフォーマンスを改善する効果の高いケイパビリティ（組織全体やグループとして保持する機能や能力）を24個特定できた。ここではその24のケイパビリティを列挙し、詳しく解説している章を添えた（順不同。各ケイパビリティの概要は付録Aにある）。

　24のケイパビリティは次の5つのカテゴリーに分類した。

- 継続的デリバリ
- アーキテクチャ
- 製品とプロセス
- リーン思考に基づく管理と監視
- 組織文化

■継続的デリバリの促進効果が高いケイパビリティ
1. バージョン管理——第4章
2. デプロイの自動化——第4章
3. 継続的インテグレーション——第4章
4. トランクベースの開発——第4章
5. テストの自動化——第4章
6. テストデータの管理——第4章
7. 情報セキュリティのシフトレフト——第6章
8. 継続的デリバリ——第4章

■アーキテクチャ関連のケイパビリティ
　　1. 疎結合のアーキテクチャ——第5章
　　2. チームへの権限の付与——第5章

■製品・プロセス関連のケイパビリティ
　　1. 顧客フィードバック——第8章
　　2. 業務プロセスの可視化——第8章
　　3. 作業の細分化——第8章
　　4. チームによる実験——第8章

■リーン思考に即した管理・監視に関わるケイパビリティ
　　1. 変更承認プロセス——第7章
　　2. 監視——第7章
　　3. プロアクティブな通知——第13章
　　4. 進行中の作業（WIP：Work in Progress）の制限——第7章
　　5. 作業の可視化——第7章

■組織文化に関わるケイパビリティ
　　1. Westrum推奨の創造的な組織文化——第3章
　　2. 学びの支援——第10章
　　3. チーム間の協働——第3章および第5章
　　4. 職務満足度——第10章
　　5. 改善を推進するリーダーシップ——第11章

はじめに

　ソフトウェアの開発とデリバリを高速化し、ひいては組織全体への価値提供をも高速化する効果が高いのは、どのようなプラクティスとケイパビリティ[※1]なのか。この問題を探る4年間の研究に我々が着手したのは2013年末のことであった。こうした効果が如実に表れるのは、一般企業の場合は収益性、生産性、市場占有率であり、非営利組織の場合はサービスの有効性、効率、顧客満足度である。

　本調査研究は、現在まだ市場で満たされていないニーズに応じるためのものである。目標は「慣例上、学問の世界でしか用いられてこなかった厳格な研究方法を用い、結果を産業界にも公表することで、ソフトウェアの開発とデリバリの状況を改善すること」である。単なる逸話やチームの体験談を提供するのではなく、統計的に有意な方法でパフォーマンスの改善を促すケイパビリティを特定・理解する方法を確立することで、業界全体の水準向上の一助となるのではないかと考えた。

　本書で紹介している調査研究（と、今なお積極的に続行中のもの）を実施するにあたってはクロスセクション分析（横断面分析）を用いた。この分析法は、医療に関する研究[※2]、職場に関する研究[※3]、記憶に関する研究[※4]などでも用いられているものである。業界の「実態の適正な調査」と、ソフトウェア開発チームおよび組織全体の「パフォーマンスの改善要因の把握」とを期して、厳格な学術的研究設計手法を用い、研究結果の多くを査読付き学会誌に発表してきた。こうした本研究で用いて

※1　組織全体やグループとして保持する機能や能力。
※2　たとえばビールと肥満の関係についての研究 [Bobak et al. 2003]。
※3　たとえば作業環境と心疾患の関係についての研究 [Johnson and Hall 1988]。
※4　たとえば記憶力の発達と減退の差異についての研究 [Alloway and Alloway 2013]。

いる方法の詳細は「第2部 調査・分析方法」を参照されたい。

本調査研究の概要

　本調査研究のアンケート調査で全世界から回収できた回答はこれまでに23,000件超。回答協力組織は従業員数5人未満の小規模なスタートアップから10,000人超の大企業まで、2,000社超。スタートアップから最先端のネット関連企業まで各種IT系企業のほか、金融業界、保健医療業界、政府機関など、規制の厳しい業界からも回答を得られた。こうした組織の中には、最新のプラットフォームでソフトウェアを開発中のところもあれば、レガシーコードを保守しつつ開発を続けているところもある。

　本書で紹介する研究成果は、伝統的な「ウォーターフォール型[※5]」の開発手法を使い続け、技術変革には着手したばかりという組織にも、すでに何年も前からアジャイルやDevOpsの手法を実践しているという組織にも応用できる。というのも、ソフトウェアデリバリは継続的な改善を重ねつつ進めていく作業だからである。本調査研究でも「最優良組織は業績を伸ばし続け、改善のままならない組織は後れをとるばかり」という現状が確認されている。

　本書執筆の目的は「本調査研究の成果を共有することにより、組織が、より高品質のソフトウェアをより迅速にデリバリできるようにすること、より健全なチームを育成して他者の追随を許さない存在に成長するのを支援すること、そして組織全体とその構成員の幸福と繁栄の後押しをすること」である。では、本研究がどういった経緯で始まり、どのように実施されてきたか、その大筋を紹介しよう。技術的な詳細については第2部を参照されたい。

※5 「フェーズゲート管理」「構造化技法」「計画駆動型開発」といった用語も類似の開発手法を表すものとして使われる。

> **改善は誰にとっても可能**
>
> ソフトウェアデリバリの作業状況をどのように測定し、改善すればよいか。それを模索する本調査研究のこれまでの過程は、発見と驚きに満ちたものであった。そして全世界の組織から回収したデータから、次のような結論を得た――「どのような組織のどのようなチームであっても、ソフトウェアデリバリ作業の改善は可能である。ただし条件がある。それは、組織の上層部がメンバーのサポートを怠らず、すべての責任を負う姿勢を貫くこと、そしてチームのメンバーが改善に対する努力を惜しまないことである。

経緯とデータ

よく「この研究のきっかけは？」と訊かれる。その答えは、「高業績の（ハイパフォーマンスな）技術系組織を生み出す要因は何か」「ソフトウェアは組織をどのような形で改善しうるのか」という2つの疑問をぜひとも解明したかったからである。本書の著者3人は、それぞれ独自に「抜きん出た技術的パフォーマンス」に関する研究を続けたのち、2013年末に共同で研究を始めた。2013年末までの各著者の履歴は次のとおりである。

- Nicole Forsgren――経営情報システム学博士。2013年までの数年間は、組織内で（特にソフトウェアとサポートインフラの構築を担当する専門家の間で）テクノロジーに影響力を及ぼす要因を研究していた。また、このテーマで多数の論文を執筆し、査読付き学会誌に発表してきた。博士号の取得以前は、ソフトウェアおよびハードウェアのエンジニア、ならびにシステム管理者を務めていた。

- Jez Humble——『Continuous Delivery※6』『Lean Enterprise※7』『The DevOps Handbook※8』の共著者。大学卒業後、2000年にロンドンのスタートアップに参画。2005年から2015年まではThoughtWorksでITインフラの専門家、開発者、プロダクトマネージャーとしてソフトウェア製品のデリバリやコンサルティングに従事。
- Gene Kim——1999年から技術系組織のパフォーマンスに関する研究を続けてきた。Tripwire（1997年創設）の創設者兼CTOであり、『The Phoenix Project※9』『The Visible Ops Handbook※10』など多数の本の共著者でもある。

2013年末、著者3人はPuppet社のチームとともに『2014 State of DevOps Report（DevOpsの現況に関するレポート 2014年版）』の準備作業を始めた※11。そして実務的な専門知識と学問的な厳密性を併用し、

※6 邦訳『継続的デリバリー：信頼できるソフトウェアリリースのためのビルド・テスト・デプロイメントの自動化』（和智右桂、高木正弘 訳、KADOKAWA、2017年）

※7 邦訳『リーンエンタープライズ ——イノベーションを実現する創発的な組織づくり』（角征典 監修、笹井崇司 訳、オライリージャパン、2016年）

※8 邦訳『The DevOpsハンドブック 理論・原則・実践のすべて』（榊原彰 監修、長尾高弘 訳、日経BP社、2017年）

※9 邦訳『The DevOps 逆転だ!』（榊原彰 監修、長尾高弘訳、日経BP社、2014年）

※10 邦訳『THE VISIBLE OPS HANDBOOK —— 見える運用』（官野厚 訳、ブイツーソリューション、2006年）

※11『State of DevOps Report』の初回は2014年版だが、研究自体はそれ以前に始まっていたという点に留意されたい。Puppet社のチームは、DevOpsという（まだそれほど知られていなかった）概念をより良く理解し、それが現場でどう採用されつつあるか、組織パフォーマンスの改善を組織がどう実感しているかを把握するための研究を始めており、2012年にこの研究への参画をGene Kimに求めた。Puppet社は、第1回 DevOpsDaysが開催され、ツイッターでの議論も始まり、John AllspawとPaul Hammondが重要な講演を行ったことにより、DevOpsの概念が徐々に形を成し始めた頃から、DevOps運動（ムーブメント）を強力にサポートしリードし続けてきたのである。そしてGene Kimがその後、Jez Humbleにも応援を仰ぎ、ともに調査に加わって全世界の組織から4,000件の回答を集め、分析した。この種の調査では最大規模である。

業界では類のない「テクノロジーによる従業員、組織、顧客への価値提供を、予測的手法で支援する方法についてまとめたレポート」を生み出した。3人はその後も、ソフトウェアのデリバリ作業を改善する要因は何か、優れた技術チームを育て上げるものは何か、組織はどうすれば高いパフォーマンスを実現し、テクノロジーを活用して市場優位性を確保できるかといった課題に対する回答を得るべく、2017年版まで4回にわたってPuppet社のチームとともにアンケート調査を繰り返してはレポートを作成・公表してきた。本書はこの4年間の研究成果をまとめたものである。ここでまず『State of DevOps Report』の2014年版から2017年版までについて説明する。

　どの年もデータ収集のためには、メーリングリストへの参加をメールで募り、ソーシャルメディア（Twitter、LinkedIn、Facebookなど）も活用した。対象者はIT分野の専門家、特にソフトウェアの開発とデリバリの各種パラダイムとDevOpsに詳しい人々である。『State of DevOps Report』の読者にも、ソフトウェアの開発とデリバリに携わる友人や同僚に声をかけて誘ってくれるよう依頼し、参加者の拡大に努めた。これは知人の紹介に頼って標本を集める「スノーボールサンプリング（雪だるま式抽出）」である。この方法が本研究のデータ収集に適すると考えた理由は第15章で述べる。

　本調査研究で扱うデータはアンケート調査への回答という形で収集した。短期間に何千という数の組織から大量のデータを集めるのに最良の方法だからである。調査で収集したデータで良好な研究ができる理由と、そのデータの信頼性と精度の確認方法については、技術的詳細を解説した第2部を参照されたい。

　続いて、本研究の4年間の進捗状況を概説する。

2014年——デリバリおよび組織のパフォーマンスを把握するための基盤作り

　初年度の目標は「組織におけるソフトウェアの開発とデリバリの状況を把握するための基盤作り」であった。この段階で研究の推進力となった疑問点には、たとえば次のようなものがある。

- ソフトウェアのデリバリとは何を意味するのか、そしてそのパフォーマンスを測定することは可能か
- ソフトウェアのデリバリは組織に影響を及ぼすか
- 組織文化は何らかの影響を及ぼすか。そしてそれはどう測定すればよいのか
- どのような技術的プラクティスが重要だと思われるか

　初年度の研究成果は、我々に「嬉しい驚き」をもたらしてくれるものが多かった。たとえば次のようなことが判明した——「ソフトウェアの開発とデリバリのパフォーマンスは、統計的に有意な形で測定可能である」「高業績の（ハイパフォーマンスな）組織はソフトウェアの開発とデリバリを、他社よりかなり優れた方法で継続的に行っている」「スループットと安定性は連動する」「組織のソフトウェア開発能力が、収益性、生産性、市場占有率を左右する」「組織文化と技術的プラクティスも重要であり、両者がパフォーマンスに与える影響度も測定できる」。これらについては第1部で詳しく解説している。

　また、データの測定方法も改善し、「イエス」か「ノー」の返事を求める質問から、リッカート尺度を使った質問（「まったく同意できない」から「非常に同意できる」まで複数の選択肢の中から1つを選んで回答してもらう質問形式）に切り替えた。一見ささいな変更だが、より微妙なデータ（「白か黒か」だけではなく「灰色」の部分）も収集できるようになり、より詳細な分析が可能になった。本調査研究でデータ収集にアン

ケート調査を用いた理由や、そのデータの信頼性が高い理由については第14章「アンケート調査を採用する理由」を参照されたい。

2015年——調査の拡充と分析の深化

技術変革や事業拡大の場合と同様に、調査研究を実施する際にもイテレーションや漸進的改善、成果の再検証はきわめて重要である。2年目の目標は、初年度の成果を踏まえて、「（たとえば「ソフトウェアデリバリは統計的に有意な形で定義、測定できる」「ソフトウェアデリバリは組織のパフォーマンスを左右する」といった）重要な結果を再検証すること」、ならびに「調査研究のモデルを拡張すること」とした。

この段階で調査研究の推進力となった疑問点には次のようなものがある。

- 「ソフトウェアデリバリは組織のパフォーマンスに影響を及ぼす」との所見を再検証することは可能か
- 技術的プラクティスと自動化はソフトウェアデリバリに影響を及ぼすか
- リーンマネジメントのプラクティスはソフトウェアデリバリに影響を及ぼすか
- 技術的プラクティスやリーンマネジメントのプラクティスは、組織の構成員のコードデプロイに関わる負荷や燃え尽き症候群（バーンアウト）などに影響を与えるか

この年にも、期待どおりの成果が得られ、驚くべき発見があった。仮説が裏付けられ、初年度の作業の再確認と拡充もできた。こうした成果の詳細も第1部を参照されたい。

2016年——技術的プラクティスに関する調査の拡充と
アップストリーム側への拡張

　3年目には、調査研究モデルの中核的な基盤を足場にして拡充を図り、情報セキュリティ、トランクベースの開発、テストデータ管理など、新たな技術的プラクティスの意義を探った。まず、製品管理部門で働く同僚との対話にインスピレーションを得て、調査対象のアップストリーム側（前工程）への拡張も行った。近年製品管理部門で顕著になりつつある「伝統的なプロジェクト管理からリーン手法への転換」という動向の影響を測定できるか否かを調べるためである。また、不具合、修正、情報セキュリティ面での改善といった品質尺度も追加した。さらに、技術的プラクティスが人的資源にどのような影響を与えるかを把握するための質問も追加した。ともに燃え尽き症候群の軽減要因であると見られる「eNPS（従業員が自社を他人に推奨する比率）」と「職場への帰属意識（アイデンティティ）」とを測定するための質問である。

　この段階で研究の推進力となった疑問点は次のとおりである。

- ソフトウェアの開発とデリバリに情報セキュリティ対策を組み込むと、プロセス全体の改善につながるか、それともプロセスを遅らせるか
- トランクベースの開発は、ソフトウェアデリバリの改善につながるか
- 製品管理へのリーン手法の応用は、ソフトウェアの開発とデリバリの重要な局面となるか
- 優れた技術的プラクティスには、企業への忠誠心を強める効果があるか

2017年——「アーキテクチャ」「指導者の役割」「非営利組織の成功度」の追加

　4年目には研究の範囲をさらに拡げた。具体的には、システムそのものがどう構築されているかや、アーキテクチャがチームや組織のソフトウェアデリバリ能力や価値提供能力をどう左右するかも調査・分析の対象に組み入れた。また、収益性、生産性、市場占有率以外の価値も測定対象に加えたため、非営利組織の分析も可能になった。さらに、組織内で改善を推進するリーダーシップの影響を測定するため、首脳陣や管理者の役割も調査、分析の対象に加えた。

　この段階で研究の推進力となった疑問点は次のとおりである。

- アーキテクチャ関連のどういったプラクティスに、ソフトウェアデリバリのパフォーマンスを改善する効果があるか
- 改善を推進するリーダーシップはソフトウェアデリバリをどのように左右するか
- ソフトウェアデリバリの状況は非営利組織の成功度に影響を及ぼすか

まとめ

　本書について我々が望むのは、テクノロジストや技術系指導者・管理者が、ソフトウェアデリバリ関連のプラクティスなど、自組織を改善する上で不可欠な要素を見い出してもらうことである。機能のより迅速なデリバリも、必要に応じた方向転換も、法的・倫理的規制や情報セキュリティ面での対応も、迅速なフィードバックによる新規顧客の獲得や顧客満足度の向上も、ソフトウェアデリバリ能力が向上することで初めて実現できるのである。

　これに続く本編の各章では、ソフトウェアデリバリのパフォーマンスを定義した上で、その改善効果の高い重要なケイパビリティを挙げて、各ケイパビリティのキーポイントを概説する。まず第1部では研究の成果を紹介、第2部では調査と分析の方法を技術面から解説、最後の第3部ではパフォーマンスを促進する上で重要なケイパビリティを組織が採用・実践した場合にどういった効果が得られるのかをケーススタディの形で説明する。

第1部
調査結果から見えてきたもの

Part 1 What We Found

我々はこの数年間、『State of DevOps Report(DevOps^{デブオプス}の状況に関する報告書)』に取り組む過程で、すでにその効果が実証されているデータ収集および統計分析のテクニック(詳細は第2部を参照)を用いて、重要な(時には驚くべき)結果を得てきた。我々が測定し定量化してきたのは、ソフトウェアデリバリ(配信)のパフォーマンスと、それが組織自体のパフォーマンスに及ぼす影響、そしてそうした結果をもたらす要因となる種々のケイパビリティ(組織全体やグループとしてもつ機能や能力)である。

　こうしたケイパビリティは、技術的なもの、プロセス(作業工程)に関わるもの、組織文化にまつわるものなど、各種カテゴリーに分類される。我々は、技術的なプラクティスが組織文化に及ぼす影響、そして組織文化がデリバリのパフォーマンスや組織全体のパフォーマンスに及ぼす影響を測定した。さらに、アーキテクチャやプロダクトの管理など、その性質がほかのものとはまったく異なるケイパビリティについては、チームの燃え尽き症候群(バーンアウト)やデプロイ関連の負荷(ペイン)などにどう影響を与えたかも調査した。

　第1部では、こうした調査結果を詳しく紹介する。

Chapter 1　Accelerate

第1章

業務を加速させるということ

●第1部　調査結果から見えてきたもの

　日常業務をきちんとこなすだけではビジネスにおける競争力を維持できない時代になった。「リードタイム[※1]の長い大規模プロジェクトを実施して新しい製品やサービスを生み出す」という手法に背を向ける組織が増加している。金融業、小売業、情報通信業のほか、あらゆる業種で、また政府機関においてさえもそうである。その代わりに採用されているのが「小規模なチームが短期の開発・テストサイクルを繰り返し、ユーザーからのフィードバックも踏まえて、顧客に満足してもらえる製品やサービスを構築し、組織全体に素早く価値をもたらす」という手法である。このような手法で好業績を上げている組織は業務の改善と障害の排除を怠らず、目標達成のためのリスクや不確実性が大きな場合でも、この姿勢を変えようとはしない。

　各組織はマーケットにおける競争力と優位性を維持するために、次のような面でさらなる加速化が求められる。

- 顧客に満足感を与える製品やサービスの提供
- マーケットとのエンゲージメント（絆、つながり）の強化、顧客要求に対する感度向上、顧客理解の促進
- 自社（自組織）に影響を与える可能性のある法的、倫理的規制強化に対する予測と対処
- セキュリティ上の脅威や経済情勢の変化など、潜在的リスクへの対応

　こうした業務の加速化において中核的な役割を果たすのがソフトウェアであり、この点はどのような業界でも共通である。たとえば銀行はもはや「金の延べ棒を金庫室に保管する」のではなく、より迅速かつ安全な取り引き、顧客との絆を強くするための新規チャネルや新製品の

※1　製品の企画から生産開始まで、商品の発注から納品までといった準備のために必要な時間

開拓によって価値を創出している。また、小売業者は選りすぐりの商品やサービスを顧客に提供し、「迅速な支払い手続き」「支払い時の製品・サービスの推奨」「オンライン／オフラインのシームレスな購入体験」といった形のサービスを徹底することで顧客を獲得、維持している。そしてこのすべてを可能にしているのがテクノロジーなのである。政府機関も同様に認識しており、「テクノロジーの活用能力」こそが「国民が納める税金の無駄遣いを防ぎつつ、より効果的・効率的に社会や国民に奉仕するためのカギ」であると見なしている。

ソフトウェアおよびテクノロジーが、顧客や利害関係者(ステークホルダー)に価値を提供する際の重要な差別化要因となる。これは本書で紹介する我々の調査で明らかになった点ではあるが、すでに他の調査・研究でも同様の指摘がなされている。たとえばJames Bessenによる最近の研究［Bessen 2017］※2では、テクノロジーの戦略的活用のほうが、M&Aや起業家精神よりも、収益や生産性の向上に寄与する割合が大きいことが明らかになった。また、Andrew McAfeeとErik Brynjolfssonが行った研究でもテクノロジーと収益性の関連が浮き彫りになっている［McAfee et al. 2008］。

ソフトウェアがあらゆる種類の組織に変革と加速化をもたらしている。本書で推奨・解説するプラクティス（効果的、効率的な手法）やケイパビリティ（組織全体やグループとして保持する機能や能力）は、「DevOps(デブオプス)」と呼ばれるソフトウェア開発手法をめぐる議論の中で生まれてきたもので、これが世界中のあらゆる業界を変えつつある。そもそもDevOpsの手法は「安全で耐障害性が高く急速に進化できるスケーラブルな※3分散型システムを構築するためにはどうしたらよいのか」という難題を抱えた、少数の組織から生まれてきた手法である。競争力の

※2 参考文献の一覧は巻末にまとめられている。本文中では著者と年を示す。

※3 大きな設計変更などをしなくても、容易に規模拡大に対応できるシステムを「スケーラブルなシステム」「スケーラビリティのあるシステム」などと言う。

●第1部　調査結果から見えてきたもの

維持を望む組織は、この難題の解決法を習得しなければならない。歴史が古く、何十年も前の旧式のテクノロジーに依存している大企業でも、本書で紹介する手法を採用すれば、デリバリ（ソフトウェア配信）の加速やコスト削減といった大きな成果を得られるのである。

　すでにテクノロジーの変革によって大成功を収めた企業は多数ある。代表的な例としては、Netflix、Amazon、Google、Facebookのようなネット関連の大手企業が挙げられるが、Capital One、Target、米国政府TTS（Technology Transformation Service）や米国政府デジタルサービスなどの、以前から存在していた大規模組織もその例に含まれている。しかし、業界内でも個々の組織内でもやるべきことはまだまだ山積している。米国の独立系調査会社Forrester Researchの最近のレポート［Stroud et al. 2017］によると、「継続的インテグレーション」「継続的デリバリ」「リーンソフトウェア開発」のプラクティス、協働を重視する組織文化など、テクノロジーの変革を加速させるのに必要だと広く見なされているプラクティスや原則を実践していない（すなわち、DevOpsで重視されている手法を採用していない）組織が業界全体の31%を占めている。とはいえ、今日の組織にとってテクノロジーとソフトウェアの変革が必須であることは周知の事実である。米IT調査会社ガートナーの最近のレポート［Panetta 2017］によると、取締役会からそうした変革を求められているCEOは業界全体の47%に上っている。

　個々の組織内でのテクノロジー変革の進捗状況はさまざまで、各種調査レポートからは、組織の構成員が実感しているよりも多くの課題が残されている状況が読み取れる。たとえばForrester Researchの別の調査レポート［Klavens et al. 2017］によると、DevOpsによって技術的進化が加速されてはいるものの、組織の側ではその進捗状況を過大評価しがちで、そうした傾向は現場担当者よりも幹部のほうが強い。

　「組織幹部と現場担当者の間に認識のズレがある」とのこうした調査結果により、幹部が見逃しがちな次の2つの点が特に注目される。第1は

「(テクノロジーの加速化が進行中の現場に近い)現場担当者による作業の進捗状況に対する認識のほうが幹部のものより正確だと考えると、組織内での価値の創出と成長の可能性は、幹部の想定よりも大きくなる」という点である。そして第2は「この認識のズレがあるため、テクノロジーの加速に有効な種々のケイパビリティの正確な測定と、そうした測定結果の上層部への伝達手段が求められている」という点である。幹部は測定結果を知ることで、テクノロジーに対する自組織の戦略を決定し、組織内に確実に伝搬できるようになるのである。

1.1
「成熟度」ではなく「ケイパビリティ」に焦点を

　テクノロジー部門の管理者たちは、市場で優位に立つため、ソフトウェアを迅速かつ確実にデリバリしなければならない。しかし多くの企業にとって、これはソフトウェアのデリバリ方法の大幅な変更を意味する。この場合に成功のカギとなるのが、組織の「成熟度」ではなくケイパビリティ(組織的な能力あるいは機能)に焦点を当てた、状況の適切な把握とそれを可能にする指標の測定である。

　従来、現状把握や目標設定に成熟度モデル(maturity models)が使われることが多かったが、このモデルがツールとしても心構えとしても適切でない点は、いくら強調してもしすぎることはない。これに代わって、ソフトウェアのデリバリを加速させたい組織に必須なのが、ケイパビリティモデル(capabilities model)への移行なのである。その理由は次の4点に集約できる。

　第1に、成熟度モデルは組織が一定の成熟状態に「到達」することに焦点を当てており、所定のレベルに到達すればそれで完了というスタンスを取っているが、テクノロジーの変革は「継続的改善」というパラダ

●第1部　調査結果から見えてきたもの

イムにシフトすべきなのである。言い換えれば、ケイパビリティモデルは次のことに焦点を当てる——「テクノロジーやビジネスをめぐる状況は絶えず変化するもの」という前提に基づいて、組織が継続的な改善を行って進歩していくこと、に対してである。革新的な組織やすばらしい業績を誇る組織は、常に改善を怠らず、自組織が「成熟した」あるいは「改善や変革のための期間は終了した」などとは考えない。このことは、次章以降で示す我々の調査結果からも明らかである。

　ケイパビリティモデルへの移行が求められている第2の理由は、成熟度モデルは多くの場合、段階を追って所定の成熟度を達成していくことを良しとし、同じレベルのチームや組織には似たようなテクノロジーやツール、ケイパビリティを推奨していくという点である。特定のレベル（たとえば「レベル2」）と認定されたチームや組織は、どれも似たり寄ったりの状況、状態にあると仮定するが、これが現実に即していないことはテクノロジー関連組織で働く者にとっては周知の事実であろう。これに対して、ケイパビリティモデルは、多次元的かつ動的であり、1つの組織の中でもさまざまな部署が改善のために独自のアプローチを採用し、自身の部署の現況と短期的・長期的目標を踏まえて、最大の効果を引き出せるケイパビリティに焦点を当てる。チームの状況、関与しているシステムや目標、そして課せられた制約はチームごとに異なるはずで、テクノロジーの変革を加速させるために次に何に焦点を当てるべきかは、こういった要素に依存して決まるものである。

　第3の理由は、ケイパビリティモデルは結果をベースにする点である。重要な結果に焦点を当て、特定のケイパビリティ（方策や手段や機能）が、その結果をより良いものにするためにどう有用であるかを重視する。これにより、組織幹部は（重要な成果を上げられる方策に焦点を当て）高い視野に立って目標を掲げ、明確な方向性と戦略を示すことができる。また、チームのリーダーや、部下をもたないエンジニアは、チームが現時点で焦点を当てているケイパビリティに基づいて改善目標を立

てることができる。成熟度モデルはほとんどの場合、組織内での技術的熟練度やツールの利用状況を、成果とは無関係に測定するだけなので、結局はいわば虚栄の指標になってしまいがちなのである。測定そのものは比較的容易だが、組織内での技術的熟練度やツールの利用状況が事業に与える影響については何も教えてはくれない。

　第4の理由は、成熟度モデルは、テクノロジーやプロセスに関わる能力（機能）や、組織そのものの能力に関して、到達するべき静的なレベルを定義するという点である。テクノロジーやビジネスをめぐる状況が絶えず変化している点を考慮に入れていないのである。ビジネスが絶えず変化を続けていること、つまり現時点で「良い」と認定された企業でも、あるいは「非常に好調」とされた企業でさえ、翌年には「良い」のレベルに達しない可能性があることは、我々の調査で得られたデータで確認されている。これに対してケイパビリティモデルなら動的に変化し続ける環境にも応用でき、チームなり組織なりが、競争力の維持に必要なスキルや機能の開発に焦点を当てることが可能なのである。

　ケイパビリティを軸とするパラダイムに従えば、継続的に改善を促すことが可能になる。適切なケイパビリティ（組織としてもつ能力、機能）に焦点を当てることで、より迅速、より安定的にソフトウェアを開発、デリバリし、継続的に成果を上げることができる。現に、我々の調査結果を見ても、トップレベルの業績を上げている組織がまさにこの方法を実践し、過去の成果に甘んじることなく、常に以前を上回る成果を上げるべく努力を重ねている。

1.2
エビデンスに基づいた変革のキーはケイパビリティ

　ケイパビリティモデルを採用する場合（あるいは成熟度モデルを続けるにしても）、焦点を当てるべきケイパビリティについては意見が分かれる。たとえば、製品のベンダーは自社の提供製品に関連する機能を重視しがちで、一方コンサルティング企業は自社の専門分野や業務あるいは社内で以前から開発、使用してきた評価ツールなどが提供する機能を重視しがちである。我々の調査においては、自前の評価モデルをデザインしようとする組織もあれば、社内で最高の業績を上げている部署のスキルセットに基づいたソリューションを選ぶ組織もあり、さらには内部の要改善領域が多すぎて「分析麻痺」に陥ってしまう組織もあった。このため、しっかりした指針を備えたエビデンスに基づくソリューションが求められているが、本書で紹介するのがまさにそうしたソリューションにほかならない。

　ソフトウェアデリバリだけでなく（収益性、生産性、市場占有率の向上といった形で示される）組織自体のパフォーマンスの向上に欠かすことのできないものは何か——我々の調査によってこの疑問に関する重要な考察が得られたのである。具体例を挙げると、次の3点はパフォーマンスを予測するための指標として取り上げられることが多いにもかかわらず、そうした指標には**なりえない**ものである。

● 第 1 章　業務を加速させるということ

- アプリケーションの使用年数やアプリケーションに必要なテクノロジー。たとえばメインフレームベースのSoR（System of Record。記録を主眼としたシステム。基幹系システムあるいは勘定系システム）か、より新しいSoE（System of Engagement。絆を生み出すためのシステム。情報系システム）か
- デプロイメント（デプロイ）の実施は運用チームか、開発チームか
- 変更諮問委員会（CAB: Change Approval Board）があるかないか

これに対して、ソフトウェアのデリバリや組織自体のパフォーマンスの向上に効果が大きいのは、パフォーマンスがきわめて良好な組織やごく革新的な企業が実際に日々の改善努力で焦点を当てている事柄である。我々の調査研究によって、キーとなる24のケイパビリティ（24KC: 24 key capabilities）が特定された[※4]。ソフトウェアデリバリのパフォーマンスを向上させ、ひいては組織そのもののパフォーマンスを向上させる効果が高いもので、いずれも定義、測定、改良が容易である。本書ではまず、各ケイパビリティの定義と測定について議論する。さらに、改良のために有用なリソースも紹介するので、読者はこれを利用することで、自らの組織においてテクノロジーの変革を加速できるであろう。

※4　キーとなる24のケイパビリティ（24KC）の一覧は付録Aにまとめられており、それぞれのケイパビリティについて議論している章も記載されている。

1.3
DevOps採用の価値

　読者は今、疑問を抱いていることだろう——「24のケイパビリティ（組織やグループのもつ能力や機能）にテクノロジーや組織のパフォーマンスを高める効果があることを著者はどのようにして知ったのだろうか？ 効果があると確信をもって断言できる理由は何だろうか？」と。

　DevOpsの採用によって得られる価値（効果）は、当初の我々の予想をはるかに超えるものであることが明らかになった。しかもパフォーマンスが良好な組織とそうでない組織との差は拡大し続けている。

　ソフトウェアデリバリのパフォーマンス測定方法や、DevOpsの手法をすでに実践している組織のパフォーマンスの変化については後続の章で詳しく解説するが、ここで骨子を紹介しておこう。2017年時点で、パフォーマンスが良好な組織を、そうでない組織と比較した結果は次のとおりとなった。

- コードのデプロイ頻度は46倍
- コミットからデプロイまでのリードタイムは1/440
- 平均復旧時間（稼働停止からの復旧に要する時間）は1/170
- 変更失敗率は1/5

　2017年の結果を2016年のものと比較したところ、パフォーマンスが良好な組織とそうでない組織の差は、速度（デプロイ頻度とリードタイム）では狭まり、安定性（平均復旧時間と変更失敗率）では広がっていた。これはパフォーマンスの振るわない組織が速度を上げる努力はしているものの、そのプロセスの質を上げるための投資が足りないからだと考えられる。これがデプロイの大規模な失敗を招き、この結果、サービスの復旧にさらなる時間がかかっているわけである。これに対してパ

● 第 1 章　業務を加速させるということ

フォーマンスが良好な組織は安定性を犠牲にしてまで速度を上げる必要も、速度を下げて安定性を追求する必要もない。というのも、プロセスの質を上げれば速度も安定性も向上することがわかっているからである。

　パフォーマンスの良好なチームは、ソフトウェアデリバリのパフォーマンスをどのように高めてきたのだろうか。それは、適切な手段を用いたからなのである。つまり、改良を行うべきケイパビリティを正しく選択したからである。

　4年にわたる我々の調査研究によって、ソフトウェアデリバリのパフォーマンスを向上させると同時に、組織自体のパフォーマンスにも好影響をもたらすケイパビリティを突き止めることができた。しかもこの場合の改善があらゆるタイプの組織に効果的であることが判明した。この調査では、あらゆる規模、あらゆる業種の世界中の組織を対象にした。それらの組織は、新旧さまざまなテクノロジーを利用している。したがって、本書で紹介する調査の成果はどのような組織においても応用できるはずである。

❖ MEMO ❖

Chapter 2 Measuring Performance

第2章

開発組織の パフォーマンスを計測

●第1部　調査結果から見えてきたもの

　アプリケーションであれ、オンラインサービスであれ、ソフトウェア構築作業の改善を狙いとする枠組みや手法は数多くある。我々はそうした「枠組み」や「手法」の効果を科学的な方法で見極めたいと考え、まずは「**良い**枠組み」「**良い**手法」と判断するときの「良い」が何を指すのかを定義するところから始める。その際に検討対象とした枠組みや手法を本章で解説する。

　本章を読んで我々のアプローチを十分理解してもらえれば、後続の章で提示する調査結果の信頼性についても納得できるはずである。

　ソフトウェア関連のパフォーマンスを測定するのは容易なことではない。通常の物作りとは異なり、目に見える商品が存在しないことがその一因である。しかも作業の細分化の仕方がより恣意的で、（特にアジャイル型の開発では）設計とデリバリを同時進行させるという点もある。さらに言えば、実装過程での知見に基づいて設計を修正・発展させるのは当然であるというのが共通認識になっている。そこでまずは「ソフトウェアデリバリのパフォーマンスを測定するための、効果的で信頼に足る基準」を定義しよう。

2.1
従来の測定手法の問題点

　ソフトウェアの開発や運営に携わるチームのパフォーマンスを測定しようと、数々の試みが重ねられてきた。その大半が生産性に焦点を当てているが、一般にそうしたアプローチには難点が2つある。成果よりもむしろ出力に焦点を当てている点と、チームなどグローバルなレベルではなく、個人などローカルなレベルでの測定に焦点を当てている点である。これのどこが好ましくないのか、「書いたコードの量」「速度」「利用率」を尺度とした場合を例に考えてみよう。

● 第 2 章　開発組織のパフォーマンスを計測

　「書いたコードの量」で生産性を測定するというのは、ソフトウェア業界ではかなり古くから行われてきた。コミットしたコードの行数を週ごとに記録するよう開発者に命じていた企業さえある[※1]。しかし現実には、1つの問題点を1,000行から成るコードで解決するより、10行のコードで解決するほうが望ましい。「コードを大量に書いた開発者をほめる」というやり方は、巨大化したソフトウェアを生み、保守と変更のコスト増を招く。理想を言えば、最低限の量のコードで問題を解決できる開発者をほめるべきなのである。いや、むしろコードを1行も書かずに、あるいはコードを削除し、業務プロセスの変更等で問題が解決できればなおよい。ただし、コードの量を極力抑えるというのも理想的な方法とは言えない。極端に走れば問題が生じる。たとえば、あるタスクを実行するコードを考えると、書いた本人以外、誰も理解できないような1行のコードより、理解も保守もしやすい数行のコードのほうがましなのである。

　さて、アジャイル型の開発手法が登場すると、生産性を測定するための新たな基準が用いられるようになった。「速度（ベロシティ）」である。アジャイル型の多くの手法では、問題点を「ユーザーストーリー」に細分化し、各ストーリーの完了に要する時間や人数を見積もり、その程度に沿った「ストーリーポイント」を定める。イテレーションが終了すると、「完了した」と顧客が承認したストーリーポイントを合算して記録する。これがそのチームの「ベロシティ」である。ベロシティは本来は「キャパシティ計画の立案ツール」として使うべきものである。たとえば、計画され見積もられた作業をすべて完了するのに要する時間について対象のチームが推定するのに使う、といった具合である。ところがこ

[※1] 「書いたコードの行数」を生産性の測定基準にすることの無意味さをApple Lisaの開発チームの管理者たちが思い知った経緯を伝える面白い記事がある——https://www.folklore.org/StoryView.py?project=Macintosh&story=Negative_2000_Lines_Of_Code.txt

れを、チームの生産性を測定したり、チーム同士の生産性を比較したりするために使う管理者がいる。

　このようにベロシティを生産性の測定基準にする手法には難点がいくつかある。たとえば「ベロシティは絶対的ではなくチーム依存の相対的な尺度だ」という点である。通常、チームをめぐる状況はケースバイケースでかなりの差異があり、チーム同士でベロシティを比較することはできない。また、ベロシティを生産性の測定尺度にすれば、必然的にチームはベロシティを悪用するようになってしまう、という点もある。チームストーリーの完了に要する時間や人数の見積もりを水増しし、他チームとの協働を犠牲にしてまで極力多くのストーリーを完了しようとし始めるのである（協働を犠牲にした結果、自チームのベロシティがかえって落ちてしまうケースもある）。ベロシティが意図した目的を果たせないばかりか、チーム間の協力まで妨げかねないのである。

　最後に「利用率」で生産性を測定しようとする手法についてだが、この手法には、利用率は一定レベルを超えてしまうと余力（余裕）がなくなって予想外の仕事や計画変更、改善作業を入れる隙がなくなり、結局はリードタイムが長くなってしまうのである。数学の「待ち行列の理論」で言えば、利用率が100％に近づくにつれて、リードタイムは無限大に近づく——つまり、利用率が高いレベルに達してしまうと、チームが何を完了しようとしても、そのリードタイムは幾何級数的に長くなっていく、というわけだ。どれだけ迅速に作業を完了できるかを示す尺度の1つである「リードタイム」には、「コード量」と「ベロシティ」に見られるような難点がないので、利用率はリードタイムとうまくバランスをとり、全体の仕事が効率的に行われるよう管理することが肝要だ。

2.2 望ましい尺度

　ソフトウェアデリバリのパフォーマンスを的確に計測できる尺度は2つの特徴をもっていなければならない。1つはグローバルな成果に焦点を当て、チーム同士が競争もしくは対立するような状況を防ぐ機能をもつことである。従来の典型的なやり方は「処理量(スループット)の多い開発者と安定性向上に寄与した運用担当者を報奨する」というものだが、これが「混乱の壁(wall of confusion)」の主な誘因となっている。「混乱の壁」とは、開発側と運用側を隔てる縦割りの壁のことである。この言葉が示すのは、「開発チームは質の悪いコードをこの壁越しに運用チームに丸投げし、運用チームは運用チームで、修正を阻む手立てとして、手間のかかる変更管理プロセスを打ち立てる」といった状況である。さて、パフォーマンス計測の有効な尺度が備えるべき第2の特徴は、生産量ではなく成果に焦点を当てるというものだ。これはつまり、組織レベルの目標の達成に役立たない「忙しいが価値のない、見せかけの作業」を重ねて大量の仕事をこなした者を報奨するやり方はやめるべきだ、ということである。

　以上のような基準を満たす計測尺度を探した結果、我々は次の4つを選び出した。デリバリのリードタイム、デプロイの頻度、サービス復旧の所要時間、変更失敗率である。この4つを選んだ理由を説明しよう。

　「リードタイムの削減」は、リーン手法の目玉の1つである。リードタイムとは顧客のリクエストからそのリクエストが満たされるまでの所要時間のことだ。製品開発においては顧客が予想しない方法で複数の顧客を満足させようとすることもあるため、ひと口に「リードタイム」と言っても2つの部分に分けられる —— 製品や機能の設計と検証にかかる時間と、その製品や機能を顧客に納品するための時間である。このうち、製品や機能の設計と検証の所要時間に関しては、多くの場合、所

要時間の計測をいつ始めるべきかが明確ではない上に、変動が非常に大きいという問題がある。Donald G. Reinertsenがこの部分を「ファジーフロントエンド」と命名したのもそのためだ［Reinertsen 2009］。これに対してデリバリのための時間——実装、テスト、デリバリの所要時間——は測定が比較的容易で変動も比較的小さい。以上2つの部分の差異を表形式でまとめたのが**表2.1**［Kim et al. 2016］である。

表2.1 設計 vs. デリバリ

製品の設計と開発	製品のデリバリ （ビルド、テスト、デプロイ）
顧客の問題を解決する新たな製品やサービスを創出。仮説駆動のデリバリ、最新のUX手法、デザイン思考などを用いる	開発から生産および確実なリリースまでのフローを高速化。作業の標準化、ならびに変動の抑制とバッチサイズの縮小による
機能の設計と実装に新手の作業を要する場合もある	インテグレーション、テスト、デプロイの極力迅速な継続的実施が必須
見積もりがかなり不確実	サイクルタイムは周知され予測が可能でなければならない
結果の変動が大きい	結果の変動が小さい

　製品デリバリのリードタイムは短いほうがよい。そのほうが、ビルド（実行ファイルの作成）中の対象に関するフィードバックも、それを受けての進路変更も素早くでき、不具合の修正や稼働停止からの復旧も迅速かつ確実になる。本調査研究では「製品デリバリのリードタイム」を「コードのコミットから本番稼働までの所要時間」として回答を求め、以下の選択肢から1つを選んでもらった。

- 1時間未満
- 1日未満
- 1日から1週間
- 1週間から1ヵ月
- 1ヵ月から6ヵ月
- 6ヵ月超

　第2の測定尺度はバッチサイズ（一度に進める作業のサイズ）である。これの削減も、「リードタイムの削減」と並んでリーン手法の目玉であり、現にトヨタ自動車ではこれを生産方式の基本要素の1つにして成果を上げた。バッチサイズの削減によって得られる効果は、サイクルタイムの短縮とフローにおける変動の低減、フィードバックの高速化、リスクと諸経費の低減、効率、モチベーション、緊急性の認識の向上、コストとスケジュールの膨張の抑制である[Reinertsen 2009]（第5章参照）。ただ、ソフトウェアの場合は目に見える商品が存在しないため、バッチサイズを測定してその結果を伝えるということが難しい。そのため、我々は「バッチサイズ」の代わりに「デプロイの頻度」を測定基準とすることに決めた。デプロイ頻度のほうが測定が容易な上に、通常、変動も小さいからである[※2]。ここでの「デプロイ（メント）」は「ソフトウェアのデプロイから本番稼働（たとえばアプリのストアでの公開）まで」を指す。リリース（変更のデプロイ）は通常、バージョンコントロールの複数のコミットから成る（ただし、コミットを1つ1つリリースする一個流し生産"「継続的デプロイメント」と呼ばれているプラクティス"を確立した組織についてはあてはまらない）。本調査では、主要なサービスやアプリケーションにおけるコードのデプロイ頻度を尋ね、その答

※2　厳密に言えば、デプロイ頻度とバッチサイズには逆の相関関係がある。つまり、デプロイ頻度を上げるとバッチサイズが小さくなる。IT分野のサービス管理におけるバッチサイズの測定の詳細は[Forsgren and Humble 2016]を参照。

◉第1部　調査結果から見えてきたもの

えとして次の選択肢の中から1つを選んでもらった。

- オンデマンド（1日複数回）
- 1時間に1回から1日1回
- 1日1回から週1回
- 週1回から月1回
- 月1回から6ヵ月に1回
- 6ヵ月に1回よりも少ない

　さて、デリバリのリードタイムとデプロイ頻度はいずれもソフトウェアデリバリのパフォーマンスの「テンポ」を測定する基準であるが、我々は「パフォーマンスを改善したチームが、作業中にシステムの安定性を犠牲にして改善を実現したのかどうか」を調べたいと考えた。従来、「信頼性」は失敗と次の失敗との時間的間隔により測定されてきた。しかし、複雑なシステムが急速に変化する現代のソフトウェア製品やサービスにおいては失敗は不可避であるため、「サービスをいかに迅速に復旧できるか」がカギとなる。そこで本調査では、主要なアプリケーション／サービスで（予想外の稼働停止やサービスの機能的障害などの）インシデントが発生した場合、通常、復旧にどのくらい時間がかかるかを示す平均修復時間（MTTR：Mean Time to Restore）を尋ね、その答えを先の「リードタイム」に関する質問の場合と同じ選択肢から1つ選んでもらった。

　第4の、そして最後の測定基準は、（ソフトウェアのリリースやインフラの構成変更などに伴い）本番環境での稼働に失敗したケースの発生率である。これはリーンにおいてもデリバリプロセスでの正確性と同様、重要な品質要求基準である。本調査では主要なアプリケーションやサービスに施した変更のうち、サービス低下を招いたケースや修正作業が必要となったケース（サービス機能の障害や稼働停止を招いてしまった

ケースや、ホットフィックス、ロールバック、フィックスフォワード［事態改善のための通常の手順を踏んだ修正］、パッチが必要となったケース）の発生率を尋ねた。

以上4つの測定基準をまとめたものが**図2.1**である。

> **ソフトウェアデリバリのパフォーマンス**
> リードタイム
> デプロイの頻度
> 平均修復時間
> 変更失敗率

図2.1　ソフトウェアデリバリのパフォーマンスの測定基準

調査で得られた回答の分析には「クラスター分析」を使った。基本的なデータ解析手法の1つで、データ同士の類似性に基づいてグループ化するものである。各測定基準を別々の次元に置き、クラスター化アルゴリズムによって同じクラスターの全メンバー間の距離の最小化と、異なるクラスター同士の差異の最大化を目指す。回答の「意味」を解釈することはせず、4つのどの測定基準に関しても「良い」「悪い」の判断はしない[※3]。

このように「良い」「悪い」のバイアスがかからないデータ駆動の分類手法を採用したことで、結果にバイアスをかけることなく業界の趨勢を見ることができる。また、クラスター分析により、実際の業界に存在する、ソフトウェアデリバリのパフォーマンスの高い（低い）グループの特徴も特定することができた。

この調査研究では4年間を通してクラスター分析を用いたが、業界におけるソフトウェアデリバリのパフォーマンスには毎年大きなバラツキがあった。また、ソフトウェアデリバリのパフォーマンスを測定する

※3　クラスター分析の詳細は付録Bを参照。

●第1部　調査結果から見えてきたもの

ための上記4つの尺度がすべて優れた分類の基準であることと、分析で特定された集団(「ハイパフォーマー」「ミディアムパフォーマー」「ローパフォーマー」)の、上記4つの基準による測定結果の間に有意差があることも判明した。

　表2.2および表2.3は、2016年と2017年の調査研究の結果をまとめたものである。

表2.2　2016年のソフトウェアデリバリのパフォーマンス

2016	ハイパフォーマー	ミディアムパフォーマー	ローパフォーマー
デプロイの頻度	オンデマンド (1日複数回)	週1回から 月1回	月1回から 6ヵ月に1回
変更の リードタイム	1時間未満	1週間から 1ヵ月	1ヵ月から 6ヵ月
MTTR	1時間未満	1日未満	1日未満*
変更失敗率	0－15%	31－45%	16－30%

表2.3　2017年のソフトウェアデリバリのパフォーマンス

2017	ハイパフォーマー	ミディアムパフォーマー	ローパフォーマー
デプロイの頻度	オンデマンド (1日複数回)	週1回から 月1回	週1回から 月1回*
変更の リードタイム	1時間未満	1週間から 1ヵ月	1週間から 1ヵ月*
MTTR	1時間未満	1日未満	1日から1週間
変更失敗率	0－15%	0－15%	31－45%

* ローパフォーマーは概して(統計的に有意なレベルで)成績が悪かったが、中央値はミディアムパフォーマーと変わらなかった。

　驚くべきことに、以上の結果から読み取れるのは「パフォーマンスの改善と、安定性と品質の向上との間に、トレードオフの関係はない」と

いう点で、ハイパフォーマーは4つすべての尺度での計測結果が抜きん出ていた。これはアジャイルとリーンの視点から見れば当然予測される状況ではあるが、この業界では誤った思い込みに根差した独断的な見解が依然として多数見られる[※4]。「加速化を推進すると、パフォーマンス改善の他の目標の達成を妨げるという『トレードオフ』が発生する」という見解である。

さらに、我々の調査ではここ2、3年、ハイパフォーマーの集団が他の集団を引き離し続けているという結果が出ている。DevOpsの「継続的改善」の理念には実際に効果があって、これを信奉・実践する組織を最高レベルに押し上げる一方、これを実践せず後れを取った組織は引き離され続けている。3年前には最高水準であった技術や機器でも、現在のビジネス環境では明白に遅れているのである。

2017年度のハイパフォーマーは、2016年度のそれと比較して、同レベルかそれ以上のパフォーマンスを見せ、テンポも安定性も一貫して極力向上できていた。一方、ローパフォーマーは、2014年から2016年まではスループットが同レベルで低迷し続け、2017年になってようやくスループット増大の兆しが見え始めた——おそらくハイパフォーマーやミディアムパフォーマーに取り残され、引き離されつつあることに気づいたのだと思われる。また、ローパフォーマーは2017年にいくらか安定性が下がったが、これはおそらく作業のテンポを上げようとはしたものの、全体のパフォーマンスを改善する上で根本的な障害となりうるリアーキテクチャ（再構築）や、プロセスの改善、自動化といった点で対処できなかったためだろう。以上の趨勢を図2.2と図2.3に示した。

※4 ITSM（ITサービスマネジメント）に対する2分化（バイモーダル）のアプローチも同様の誤った思い込みに根差したものである。その問題を分析した記事が次のページにある—https://continuousdelivery.com/2016/04/the-flaw-at-the-heart-of-bimodal-it/

●第1部　調査結果から見えてきたもの

― ハイパフォーマー　― ローパフォーマー

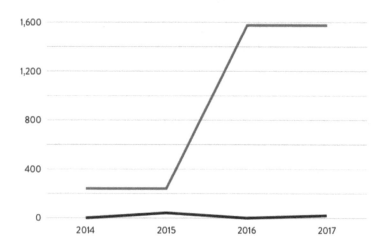

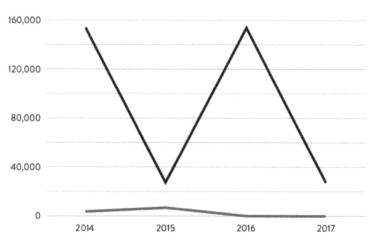

図2.2　対前年比の動向：テンポ

●第 2 章　開発組織のパフォーマンスを計測

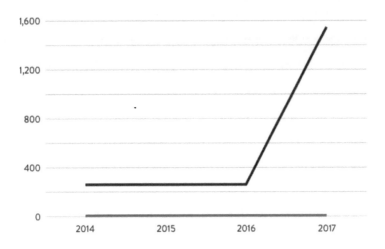

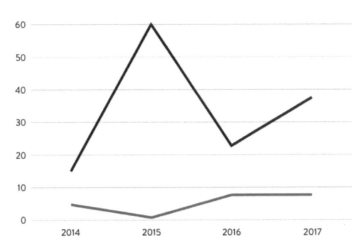

図2.3　対前年比の動向：安定性

● 第 1 部　調査結果から見えてきたもの

意外な結果

　目ざとい読者なら気づいたと思うが、2016年にはミディアムパフォーマーの変更失敗率がローパフォーマーのそれを上回った。2016年といえば、パフォーマンスの測定結果に一貫性のなさが多少見られ始めた年で、この年にそれが現れたのはミディアムパフォーマーとローパフォーマーである。この現象を説明する最終的な結論はまだ出ていないが、有力と思われる「解釈」が2、3ある。

　その1つが「ミディアムパフォーマーはまさにテクノロジーの変革作業を実行中で、レガシーなコードベースの移行など大規模なリアーキテクチャの作業に付き物の難問に対処中だから」というものである。これは、2016年の研究で得られたもう1つのデータ、すなわち「ミディアムパフォーマーはローパフォーマーよりも予想外の修正作業に費やす時間が多い」という現象の説明にもなるだろう。ミディアムパフォーマーは「新たな作業に割く時間が増えている」と報告しているのである。

　思うに、この「新たな作業」は本来必須の修正作業を無視して進められているのではないだろうか。勢い、未解消の技術的負債が放置され、それがさらなるシステムの脆弱性に、ひいては変更失敗率の上昇につながっているというわけである。

　以上のような経緯で、我々は自ら掲げた諸要件を満たす有効かつ信頼性の高い測定方法を特定した。システムレベルのグローバルな目標に焦点を当てた方法であり、種々の部署の協働が達成に不可欠となる改善成果を測定することができる。そこで次は「ソフトウェアデリバリのパフォーマンスは組織全体に対して重要な影響を及ぼすか」という問題に視点を移すことになった。

2.3
組織のパフォーマンスとデリバリのパフォーマンス

　組織のパフォーマンスに関しては、自組織のパフォーマンスを「収益性」「市場占有率」「生産性」の3つの基準で判断してもらい、リッカート尺度の複数の選択肢から1つを選んで回答してもらった。この3つの基準は、すでに過去の調査研究［Widener 2007］で複数回にわたり有効性が立証されている上に、投資利益率（ROI）との高い相関も判明している。しかも、景気の影響を受けないため、我々の調査研究には最適な基準と言える。ここ数年の分析で、ハイパフォーマーのこうした基準でのパフォーマンスの測定結果がローパフォーマーのそれを上回る傾向にあり、両社の対比は一貫して**2倍**を超えている。この傾向が示唆するのは「組織のソフトウェアデリバリのケイパビリティ（能力、機能）は、組織に競争上の優位性をもたらす」という点である。

　2017年には、より広範な組織の目標──すなわち、単なる利益や収入にとどまらない、より高次の目標──を達成する能力について、ITパフォーマンスがどう左右するかも調査研究を行った。営利企業であれ非営利組織であれ、今日の組織はどこもテクノロジーに依存して使命を果たし顧客や関係者(ステークホルダー)に迅速、確実、安全に価値を提供すべく努力を重ねている。組織の使命が何であれ、技術部門のパフォーマンスの良し悪しは、組織全体のパフォーマンスの予測材料となりうる。なお、非営利組織の目標達成能力の計測には、過去に有効性が複数回にわたって立証され、この目的に特に適した尺度を用いた［Cavalluzzo and Ittner 2004］。そしてここでも「ハイパフォーマーは、商品やサービスの量、作業効率、顧客満足度、製品やサービスの質、組織や任務の目標達成度で、他集団を上回る傾向があり、その対比は2倍を超える」という結果を得た。以上の関係を示したのが**図2.4**である。

◉第1部　調査結果から見えてきたもの

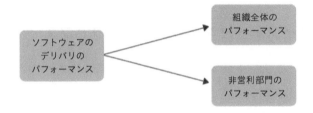

図2.4　ソフトウェアデリバリのパフォーマンスの影響

本書の図について

本書の解説で用いた図の意味は次のとおりである。

- テキストボックスは計測の対象にした構成概念である（構成概念の詳細は第13章を参照）。
- 2つのテキストボックスをつなぐ矢印は、前のボックスがあとのボックスの「予測要因」となりうること、つまり2つのボックスが予測関係にあることを示す。（察しがつくとは思うが）本書で紹介する調査研究は相関関係よりもさらに一歩踏み込んだ予測関係の分析をも含んでいる（詳細は第12章の「推計予測的分析」についての説明を参照）。
- こうした矢印は（文脈次第で）「駆動する」「予測する」「左右する」「影響を及ぼす」といった意味に解釈できる。特記されているものを除いて、いずれも正の相関関係である。

たとえば上の図2.4は「ソフトウェアのデリバリのパフォーマンスは、組織全体のパフォーマンスと非営利組織のパフォーマンスに影響を及ぼす」と解釈してほしい。

ソフトウェア関連の部門においては、作業を細分化して進めてデリバリを行う能力がとりわけ重要である。というのも、この能力が組織に十分備わっていれば、A/Bテストなどの手法でユーザーのフィードバックを素早く得られるからである。ここで注目すべきは「製品開発に実験

的な姿勢で臨める能力が、継続的デリバリに寄与する技術的プラクティスと高い相関をもつ」という点である。

「ソフトウェアデリバリのパフォーマンスは組織全体の業績に重要な影響を及ぼす」という事実は、自組織の事業にとって戦略上重要なソフトウェアの開発能力を自組織の中核的要素として位置付けずに外部委託(アウトソース)することへの強力な反証となる。米連邦政府でさえ、米国政府デジタルサービス(USDS)とその関連機関や、連邦政府一般調達局(GSA)のTTS(Technology Transformation Service)といった新部門を設立するなど、戦略的な取り組みに関してはソフトウェアの開発能力を内部育成する投資をすでに行っている。

その一方で(オフィス生産性ソフトウェアや給与システムなど)企業向けソフトウェアの大半は戦略的なものではなく、多くの場合SaaS(Software as a Service)の形で購入するべきである。何が戦略的ソフトウェアなのかを見極めて、適切に管理することが重要である。この点についての詳細は、ウォードリー・マップの考案者であるSimon Wardleyのブログ記事[Wardley 2015]を参照されたい。

2.4
変革の推進

　ここまで解説してきたように、我々はソフトウェアデリバリのパフォーマンスを厳密かつ計測可能な方法で定義することができた。これにより、ソフトウェアベースの製品やサービスを構築するチームのパフォーマンスの改善法について、エビデンスに基づいた決定を下すことが可能になった。また、対象チームを、それが所属する組織の他部署や同業（同分野）の他組織と比較し、基準に従って評価することも、対象チームの改善度を測定することも可能になった。さらに（これが最も素晴らしい点だと思われるが）「相関関係」からさらに一歩踏み込んで「予測」の試行も可能になった ── つまり「進行中の作業の管理」から「テストの自動化」に至るまで、どのプラクティスがどの程度デリバリのパフォーマンスを向上させるかに関する仮説が検証可能になったのである。加えて、チームの燃え尽き症候群（バーンアウト）やデプロイ関連の負荷（ペイン）など、我々が気にかけている懸念材料の測定も可能になった。そのため、「変更管理委員会は本当にデリバリのパフォーマンスを改善する効果があるのか」のような問いに答えることも可能になった（ちなみにこの問いに対する答えは「ない」である。変更管理委員会は、テンポとも安定性とも負の相関関係にある）。

　また、組織文化の定量的なモデル化と測定も可能になった（これについては次の第3章で解説する）。これにより、DevOpsと継続的デリバリのプラクティスが組織文化に及ぼす効果も、かつまたその組織文化がソフトウェアデリバリのパフォーマンスと組織のパフォーマンスに及ぼす影響も測定可能になった。プラクティス、組織文化、成果や影響を測定し判定する我々のこうした能力は、より高水準なパフォーマンスの実現を模索し続ける上で大きなプラス効果が得られるきわめて強力なツールなのである。

無論、こうしたツールは自組織のパフォーマンスのモデル化にも活用できる。たとえば**表2.3**を活用すれば、自組織が我々のこの分類のどこに位置するかを検討できる。また、我々がリードタイムやデプロイ頻度、サービス復旧の所要時間、変更失敗率を基準に測定した結果を参考にして、自チームに目標の設定を促すこともできる。

　ただし、こうしたツールは慎重に活用することが大切である。学習を重んじる文化が根付いた組織でなら、こうしたツールが威力を発揮するが、「依然、不健全で官僚的な文化のはびこる組織では、測定結果が支配のために利用され、既存のルールや戦略、権力構造を揺るがしかねない情報は隠蔽される。デミングが言うように恐怖心のある所では真実は伝わりにくい」[Humble et al. 2014, p.56]。実際にパフォーマンスを改善すべく科学的な手法を展開するよりも前に、まず自組織の文化の把握と育成に努めるべきなのである。それについて次章で解説する。

❖ MEMO ❖

Chapter 3 Measuring and Changing Culture

第3章

組織文化のモデル化と測定、改善の方法

●第1部　調査結果から見えてきたもの

　組織の「文化(カルチャー)」は非常に重要である――このことはDevOpsを信奉するグループの間では自明の理と言っても過言ではない。とはいえ、文化は形のない漠然としたものであるため、その定義やモデルは多数存在する。我々の課題は、学術文献で明確に定義され、有効に測定でき、かつまた我々の対象分野で予測効果を発揮できるモデルを見つけることであった。結局、その目的は果たせたわけだが、同時に「DevOpsのプラクティスを実践すれば組織文化に好影響を与え、改善しうる」という点も明らかになった。

3.1
組織文化のモデル化と測定

　文化のモデル化については、学術文献でさまざまな手法が提唱されている。国の文化に関するものもあれば、組織の文化に関するものもある。後者の場合、たとえば組織がどのような文化的価値を重視し、それがチームの言動をどう左右するのかを論じていたりする。組織文化だけに焦点を絞っても、定義やモデル化の手法はすでに複数提唱されている。また、組織文化は「基本前提」「価値観」「アーティファクト（人工物）」の3つのレベルで存在する［Schein 1985］。第1のレベル「基本前提」は、組織なりグループなりのメンバーが長期にわたってさまざまな関係や出来事、活動の意味を会得していく（理解し自分のものにしていく）中で形成される。この基本前提の「会得」部分は3つのレベルの中で可視性が最も低い――チームや組織に一定以上の期間、属してきた者が「心得ている」ことであり、言葉での明確な定義が難しいのである。

　第2のレベル「価値観」の可視性は、メンバーから見ると「基本前提」の場合よりも高い。集合的な価値観や規範は、それを知っている者の間でなら話題にしたり議論したりできるからである。価値観は「レンズ」

の役割を果たす。グループのメンバーはそれを通して周囲の関係や出来事、活動を見る。また、価値観は社会的規範を確立させる。この社会的規範が、メンバーの言動に影響し、文脈的規則(コンテクスチュアルルール)を生んで、グループ内のやり取りや活動に影響を与えるのである[Bansal 2003]。多くの場合、人がチームや組織の文化について論じる際、念頭にあるのがこのレベルの「文化」である。

第3のレベルの組織文化「アーティファクト」は実体をもつため可視性が最も高い。アーティファクトとは具体的には、経営理念や社是、社訓、テクノロジー、正式な手続きや手順、さらには英雄的な人物や儀式などである[Pettigrew 1979]。

我々はDevOpsを信奉するグループの間での議論と、上記第2レベル「価値観」の重要性とに着目して、米国の社会学者Ron Westrumが定義したモデルを採用した。Westrumはシステムの安全性に関わる人的要因(ヒューマンファクター)の研究者で、特に「航空や保健医療などきわめて複雑で高リスクなテクノロジー領域における事故」という文脈で調査研究を重ね、1988年に組織文化を次のように類型化している[Westrum 2014]。

- **不健全な（権力志向の）組織** —— 著しい恐怖や脅威を特徴とする組織。組織内の政治的駆け引きのために情報を隠蔽したり、情報を自身に有利な形で歪曲したりすることが多い
- **官僚的な（ルール志向の）組織** —— 部署の庇護を旨とする組織。「縄張り」を固守したい構成員が**自分たちの**ルールの遵守を主張し、自ら杓子定規に守る
- **創造的な（パフォーマンス志向の）組織** —— 使命や任務に焦点を絞る組織。目標の達成法と優れたパフォーマンスを最優先する

さらにWestrumは、組織における情報の流れの良し悪しを組織文化で予測できることを見抜き、有益で質の良い情報は以下の3つの特徴を兼ね備えるとした。

● 第1部 調査結果から見えてきたもの

1. 受け手が解消したいと思っている疑問に対し、答えをもたらしてくれる
2. 適切なタイミングで伝達される
3. 受け手が有効に使えるようなやり方で提示される

（技術系の組織も含めて）優れた成果を迅速に出せる環境で安全かつ効果的に仕事を進める上で、情報の流れの良し悪しはきわめて重要である。これも踏まえてWestrumは先の3タイプの組織の特徴を表3.1のようにまとめている。

表3.1　Westrumが提唱した3タイプの組織文化とその特徴

不健全な （権力志向の）組織	官僚的な （ルール志向の）組織	創造的な （パフォーマンス志向の）組織
協力態勢が悪い	ほどほどの協力態勢	協力態勢が確立
情報伝達を阻止	情報伝達を軽視	情報伝達に熟達
責任逃れ	責任範囲が狭い	リスクを共有
仲介を阻止	仲介を許容	仲介を奨励
失敗は責任転嫁へ	失敗は裁きへ	失敗は調査へ
新規性をつぶす	新規性を問題化	新規性を実装

しかもWestrumはこの3タイプの分類でパフォーマンスの良し悪しも予測できるとしており、これが我々のモデル選定の「決定打」となった。DevOpsの信奉者の間で「文化は重要」との声をたびたび耳にするため、「ソフトウェアデリバリのパフォーマンスを組織文化で予測できるか否か」を解明したいと考えていたからである。

3.2
組織文化の測定

　線分を複数に分割したWestrumの評価スケール「Westrumコンティニュアム」[Westrum 2014]も、我々の組織文化の測定には最適であった。リッカート尺度の評価質問に最適なのである。リッカート尺度は人の心を定量化する計量心理学(サイコメトリクス)でよく使われる手法で、質問項目に対する回答者の賛否度を、1「まったく同意できない」から7「強く同意できる」までの数値で選んでもらうものである。

　的を射た回答を得るためには、質問文を平易で直接的な言い回しにしなければならない。回答者が、強く賛同もしくは反対できるよう、あるいは「どちらでもない」と強く確信できるよう、平易かつ直接的な表現にする必要があるのである。図3.1に、我々がWestrumのモデルを下敷きにして作成した質問をリッカート尺度とともに示した。

	まったく同意できない	同意できない	やや同意できない	どちらともいえない	やや同意できる	同意できる	強く同意できる
情報を積極的に収集する	○	○	○	○	○	○	○
失敗など、良くないニュースを知らせても罰せられない	○	○	○	○	○	○	○
責任を共有できている	○	○	○	○	○	○	○
職能の垣根を越えた協働が推奨、報奨されている	○	○	○	○	○	○	○
失敗があると調査が行われる	○	○	○	○	○	○	○
新しいアイデアが歓迎される	○	○	○	○	○	○	○
失敗がまずシステム改善の機会と受け取られる	○	○	○	○	○	○	○

図3.1　リッカート尺度を使った組織文化判定用の質問の例

●第1部　調査結果から見えてきたもの

　こうした質問に対し、複数の回答（大抵は何百件もの回答）が得られたところで、測定方法の信頼性と妥当性を統計学的見地から検証する必要がある——つまり、尺度内のすべての項目が同一の構成概念[※1]を測定しているか、また、質問全体を総合的に見て、本当に組織文化を測定できているのか否か、を検証しなければならないのである。この2点を統計的仮説検定の複数の手法で検証できれば、有効な構成概念（この場合は「Westrumが定義した組織文化」）を設定できたと判断でき、これをその後のさらなる調査研究に活用することができる。

構成概念の分析

　複数の基準による測定結果の分析（たとえば「組織文化はソフトウェアデリバリのパフォーマンスに影響を与えるか」といったテーマでの測定結果の分析）を始める前に、まずは測定基準と収集データを検証しなければならない。測定基準が頑健（ロバスト）だと判定されれば、有効な構成概念を使用していることになる。

　この最初の段階では、測定基準の妥当性と信頼性を確認するため、複数の検証を行った。弁別的妥当性、収束的妥当性、信頼性などの検証である。

- **弁別的妥当性**——測りたくないものを測っていないか（ここでは、組織文化に無関係と思われるものが、期待どおり無関係のものとして測定されるか）
- **収束的妥当性**——測りたいものを測っているか（ここでは、組織文化を測定するものと期待されるものが、期待どおりに組織文化を測定するか）
- **信頼性**——尺度内のすべての項目が同一の構成概念を測定しているか（「内的整合性」をもつか）

[※1] 目に見えないものを測定する場合に、まず設定する必要のある、「測定対象がいかなるものか」を表す概念のこと。この概念を設定することで、初めて測定方法を考えることができる。

● 第3章　組織文化のモデル化と測定、改善の方法

> まずはこうした調査手法の妥当性と信頼性の検証を済ませてから、相関関係の分析や予測へと進む。妥当性と信頼性の詳細は第13章を、また、我々が妥当性と信頼性の検証に使った統計的検定に関する追加情報は付録Cを参照されたい。

　以上のような調査研究で、Westrumの構成概念(「チーム内の信頼関係と協働を最優先する文化」の浸透状況を判定する基準)は妥当性も信頼性も高いことが一貫して確認された[※2]。つまり我々の質問項目は、読者にも活用してもらえる、ということである。各回答のスコアは答えに添えられている点数(1点から7点)によって決まり、全体を合計して平均を出す。これを全回答について行い、結果全体を対象にして統計的分析を行う。

　創造的な組織文化は、3通りのメカニズムで情報の流れを促進する。第1は「創造的な文化が浸透した組織は、他の2つのタイプの組織に比べて、構成員間の協働態勢が整っており、組織全体でも階層間でも、より確固たる信頼関係が構築できている」、第2は「創造的な組織文化では使命や任務に焦点を絞るため、構成員は自分個人の問題や、官僚的な組織にありがちな部署の問題をひとまず脇へ置き、使命や任務を最優先する」、第3は「創造性が『フラットな競技場』、つまり均等な機会を生み、階層・階級に対する意識が薄まる」[Westrum 2014, p.61]。

　ただ、官僚的な態勢が必ずしも悪くはないという点は強調しておくべきだろう。Mark Schwartzも著書『The Art of Business Value』で指摘しているように、官僚的な態勢の狙いは「経営行動を律するルールを定めて公平性を確保することであり、このルールはあらゆるケースに適用され、誰も特別扱いや差別待遇を受けることがない。それだけでな

※2　2016年の結果は、回答した組織全体の31％が「不健全」、48％が「官僚的」、21％が「創造的」であった。

●第1部　調査結果から見えてきたもの

く、このルールは組織が蓄積してきた知見の最良の産物でもある——それぞれに専門知識を有する官僚的な上層部が策定してきたこのルールは、公平性を保証し恣意性を排除する一方で、効率的な構造とプロセスを課する」[Schwartz 2016, p.56]。

Westrumが規定した「ルール志向の組織」とは、「使命や任務の達成よりルールの遵守を重視する組織」と解釈するのが妥当であろう。他の2つのタイプの組織に関しても、何の問題もなく「創造的な組織」と判定できる米連邦政府機関のチームや、明らかに「不健全な組織」と判定されるスタートアップ等にも協力を仰いだ。

3.3
Westrumモデルで予測できること

Westrumの理論では情報の流れがスムーズな組織のほうが効率的に業務を行えると断定している。そしてWestrumによると、そうした組織に浸透している文化を育む必須要件が複数あり、それを見れば、情報の流れがスムーズな組織とはどのようなものか、その特徴をつかむことができる。

第1は「すべての構成員の間で信頼関係と協力関係が成り立っている組織であること」。これは組織内の協働と信頼のレベルを反映する要件である。

第2は「質の高い意思決定が下せる組織であること」。このような文化が浸透しているチームは、より良い情報に基づいて意思決定ができるだけでなく、万一その意思決定が誤りであると判明した場合には容易に覆すことができる。こうしたチームは閉鎖的、官僚的ではなく、透明でオープンであることが多いのである。

そして最後が「チーム内外の関係者との協働態勢が整った組織であ

●第3章　組織文化のモデル化と測定、改善の方法

ること」。これにより、問題点の発見と対処が、より迅速に行える。

以上を踏まえて我々は次の2つの仮説を立てた[※3]。

- 組織文化により、ソフトウェアデリバリのパフォーマンスと組織のパフォーマンスを予測することができる
- 優れた組織文化は職務満足度を向上させる

そして、いずれの仮説も真であることを立証できた。この関係を示したのが図3.2である。

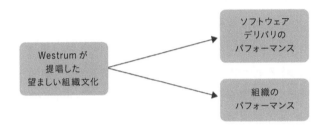

図3.2　Westrumが提唱した望ましい組織文化により得られる成果

※3　この2つの仮説は、先行する調査研究と既存の理論を基盤とし、さらに我々自身の経験と、業界関係者から見聞きした経験とで肉付けした。我々はこのような手法を用いて調査研究におけるすべての仮説を立てている。これは推論に基づく予測研究の事例の1つで、詳細は第12章を参照されたい。

3.4
技術系の組織に対するWestrumモデルの意義

　現代の組織においてはテクノロジーと経済がともに急速な変化を遂げる中で成功を追求する必要がある。そのためにはそうした変化に応じて革新を遂げる力（革新力）と、変化に柔軟に対処する力（弾力性）が不可欠である。そしてこの革新力と弾力性が密接に結び付いていることは、Westrumモデルを応用した我々の調査研究でもすでに立証されている。Westrumモデルは当初、安全面での結果（成果や悪影響）を予測するために開発されたものだが、我々の調査研究ではソフトウェアデリバリのパフォーマンスと組織のパフォーマンスも予測できることが立証された。これはうなずける結果ではある。保健医療の現場では、安全面での成果がパフォーマンスの良し悪しに直結するからである。そんなWestrumモデルを技術分野にも応用すれば、Westrumが推奨する組織文化を浸透させることでソフトウェアデリバリのパフォーマンスにも組織のパフォーマンスにも好影響を与えられる、と我々は考えた。まさにこれと同じ考えで行われたのが、チームパフォーマンスの向上を目指したGoogleの調査研究である。

　Googleは社内でトップレベルのパフォーマンスを示すチームの間に共通の要因がないかを模索するべく2年間の調査研究プロジェクトを開始し、「社員を対象に200件超のインタビューを行い・・・Googleで現在活動中のチーム180超について250超の特徴を調べて」チームの底上げ要因を探った［Google 2015］。有能なチームを生む主要因として「個々のメンバーの素養の総計」が浮かび上がるものと担当者は予想していたが、実際には「チームの個々のメンバーの素養よりも、各メンバーが他の関係者といかにやり取りし、作業をどう構成し、チームに対する自身の貢献をどう捉えるか、のほうが重要」との結果が出た［Google 2015］。言い換えれば、「要はチーム力」ということである。

中でも参考になるのが、失策や事故に対する組織の対処法である。不健全な組織は「やり玉にあげる標的」を探す。発生した問題に対して「責任を負うべき」人（々）を見つけ出し、懲罰を加えるのである。しかし複雑なシステムにおいては誰か1人の誤りによって事故が発生することはまずない。むしろ複数の要因が複雑に絡み合って事故が発生するのが普通である。複雑なシステムにおける不具合は、経験したことのないものであることが多いのだ［Perrow 2011］。

そのため、「ヒューマンエラー」で片付けてしまうような事故調査は好ましくないばかりか危険でもある。ヒューマンエラーは調査の**出発点**でなければならない。「情報の流れをどう改善すれば関係者がタイムリーにより良い情報を得られるかを解明すること」や「明らかに日常的な業務で起こりうる大惨事を未然に防ぐための、より良いツールを見つけ出すこと」を目指すべきなのである。

デリバリのパフォーマンスの構成概念

第2章で、デリバリのパフォーマンスを測定する尺度を4つ選んだと述べた。リードタイム、リリース頻度、サービス復旧までの所要時間、変更失敗率である。クラスター分析では「ハイパフォーマー」「ローパフォーマー」「ミディアムパフォーマー」のいずれの集団についても、この4つの尺度で有意な分類と差別化（チームのカテゴリー化）が行えた。ところが、この4つの尺度で1つの構成概念を得ようとすると問題が生じた。妥当性と信頼性を検証するための統計的仮説検定にパスしないのである。分析の結果、リードタイム、リリース頻度、サービス復旧までの所要時間の3つの尺度だけを使えば、妥当で信頼性のある構成概念が得られることが判明した。したがって、本書で**ソフトウェアデリバリのパフォーマンス**に言及している箇所では、3つの尺度のみを使うことを前提としている。ソフトウェアデリバリのパフォーマンスと他の構成概念との相関関係を示す場合や、ソフトウェアデリバリのパフォーマンスに関わる予測に言及する場合も同様である。

●第1部　調査結果から見えてきたもの

> とはいえ、変更失敗率もソフトウェアデリバリのパフォーマンスの構成概念と強い相関があり、ほとんどの場合、ソフトウェアデリバリのパフォーマンスの構成概念と相関がある事柄は、変更失敗率とも相関がある。

3.5 組織文化をどう変えていくか

　John Shookは、カリフォルニア州フリーモントの自動車工場でチーム文化の改革に携わった際の経験を記した中で次のように述べている（ちなみにこの経験が米国におけるリーン生産方式拡大の端緒となった）──「私がこの経験から学んだ中でも特に印象に残っているのが、組織文化を変えていく上でまず最初にやるべきなのは、関係者の思考方法を変えることではなく、関係者の言動、つまり皆が何をどう行うかを変えることだ、という点である」[Shook 2010][※4]。我々はその趣旨に沿う形で「リーンとアジャイルのプラクティスを実践すれば組織文化に好影響を与えられる」という仮説を掲げ、技術的プラクティスと管理面でのプラクティスを視野に、それらが組織文化にもたらす影響を測定してきた。リーンマネジメントの手法は、「継続的デリバリ」と総称される各種技術的プラクティスと併用すると組織文化に好影響を与えられる。このことは、すでに我々の調査研究[Humble and Farley 2010]で立証済みであり、その関係を示したのが図3.3である。

※4　2015年にラジオ番組「This American Life」で紹介された。下記URLのページで聴くことができる──https://www.thisamericanlife.org/561/nummi-2015

●第3章 組織文化のモデル化と測定、改善の方法

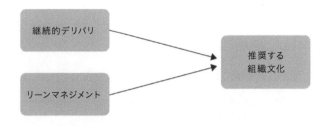

図3.3 Westrumモデルを下敷きにした「組織文化の促進要因」

　製造業の場合と同様に、技術系の組織でも上記2種類のプラクティスを実践することで文化の改善を図れる。このうち技術的なプラクティスについては次章で、管理面でのプラクティスについては第7章と第8章で詳しく解説する。

❖ MEMO ❖

Chapter 4 Technical Practices

第 4 章

技術的プラクティス

継続的デリバリの
基本原則と効果

◉第1部　調査結果から見えてきたもの

　「アジャイルソフトウェア開発宣言」が発表されたのは2001年のことで、当時の代表的なアジャイルソフトウェア開発手法の1つがエクストリームプログラミング（XP）[※1]であった。「スクラム」とは対照的に、この手法ではテスト駆動開発（TDD：Test-driven Development）や継続的インテグレーションなど多数の技術的プラクティスを推奨している。我々が提唱する**継続的デリバリ**［Humble and Farley 2010］でも、こうした技術的プラクティスを（包括的な構成管理と組み合わせれば）高頻度、高品質、低リスクなソフトウェアリリースを促進できるとして推奨している。

　アジャイル開発手法を実践しているチームの間では、管理面のプラクティスやチームのプラクティスに比べて技術的プラクティスは「二の次」という扱いをする傾向が強い（アジャイルのフレームワークの中には管理面やチームのプラクティスを重視するものもある）。しかし我々の調査研究では、技術的プラクティスが高頻度、高品質、低リスクなソフトウェアリリースを実現する上で決定的な役割を果たすことが立証されている。

　そこで本章では、我々が継続的デリバリを1つのケイパビリティ（組織としての能力や機能）として測定するために、また、継続的デリバリがソフトウェアデリバリのパフォーマンスと組織文化、ならびに他の成果（アウトカム）や副作用（チームの燃え尽き症候群（バーンアウト）やデプロイ関連の負荷（ペイン）など）にどう影響するのかを評価するために行った調査研究を紹介する。ちなみにこの調査研究によって「継続的デリバリのプラクティスは、結果に測定可能なレベルの影響を確かに与えている」ことが明らかになった。

※1　「Googleトレンド」で見ると、2006年1月前後にスクラムが人気の点でエクストリームプログラミング（XP）を抜き、以後、スクラムの賛同者が増え続ける一方でXPの人気は水平のまま推移している（「すべての国」または「アメリカ合衆国」）。

4.1 「継続的デリバリ」とは?

「継続的デリバリ」とは、機能の追加、構成の変更、バグの修正、各種試行など、さまざまな変更を、**安全**かつ**迅速**かつ**持続可能な形**で本番環境に組み込んだりユーザーに提供したりする作業を促進する一群のケイパビリティから成る手法である。次の5つの基本原則を柱とする。

- **「品質」の概念を生産工程の最初から組み込んでいく** ――「品質の父」W・エドワーズ・デミングはマネジメントの14の原則の第3で、こう説いている ――「品質向上実現のために検査に依存することをやめよ。生産工程の最初の段階で品質の概念を組み込むことにより、大量の検査に頼る必要性を排除せよ」[Deming 2000]。継続的デリバリでは、ツールと人員を駆使して問題を素早く探知できる組織文化の構築に投資する。探知と解決がまだ低コストでできる段階で、迅速に問題を修正できるよう図るのである。
- **作業はバッチ処理で進める** ―― 新しい製品やサービスの構築であれ、組織改編の取り組みであれ、作業を大きな単位で計画立案している組織は多い。しかし対象市場のごく一部分に照準を定め、測定可能な業務成果を迅速にデリバリできるよう作業を細分化すれば、作業に不可欠なフィードバックを得られ、適切な軌道修正が可能になる。バッチ処理では間接費(オーバーヘッド)が多少増えるが、組織全体にもたらす価値がゼロ以下となってしまうような作業を回避できるため、見返りは非常に大きい。継続的デリバリの主目的の1つは「ソフトウェアデリバリのプロセスの経済性を改善し、個々の変更の追加費用を低く抑えること」である。
- **反復作業はコンピュータに任せて人間は問題解決に当たる** ―― 変更の追加費用の削減に有効な方策の1つが「リグレッションテストやソフトウェアのデプロイなど時間のかかる反復作業の簡素化、自動化に投資すること」である。人間はこうして生まれた時間的、労力的余裕を活用し、フィードバックに応じてシステムやプロセスのデザインを改善するといった、より高い価値のある問題解決

作業に注力できる。

- **徹底した改善努力を継続的に行う**——常に優れたパフォーマンスを示すチームの最大の特徴は「決して満足せず常にさらなる高みを目指す」という点である。こうしたチームでは「改善」が全メンバーの日常作業の一貫となっている。
- **全員が責任を担う**——Ron Westrumが組織のモデル（第3章）で提起したように、官僚的な組織のチームは組織全体の目標よりも部署の目標に照準を合わせる傾向がある。そのため部署単位で処理量（スループット）や品質テスト、安定性の維持作業に注力する傾向があるが、これらはいずれもシステムレベルの成果であり、ソフトウェアデリバリのプロセスのあらゆる関係者の緊密な協力がなければ実現できない。そのため、管理面で次の作業が必須となる——「こうしたシステムレベルの成果の現況を透明にすること」「組織内の他のすべての部署と協力して、こうした成果に関する測定可能で達成可能な期限付きの目標を立てること」「その目標をすべてのチームが達成するよう支援すること」。

以上、継続的デリバリについて紹介したが、これを実践するためには下記3種の作業の基盤を整備する必要がある。

- **包括的な構成管理（CM：Configuration Management）**——バージョン管理で収集した情報のみを使い、完全に自動化した方法でソフトウェアをビルド/テスト/デプロイできる作業環境を整備する必要がある。作業環境の変更も、その環境で運用しているソフトウェアの変更も、すべてバージョン管理の自動化されたプロセスに従って行うべきである。ただしこれでも手作業で承認する部分が残るが、承認後はどの変更も漏れなく自動的に行うべきである。
- **継続的インテグレーション（CI：Continuous Integration）**——ブランチを作って、何日（あるいは何週間）もかけて特定の機能を開発しているチームは多い。こうしたブランチのすべてを統合するには、かなりの時間と修正作業を要する。対照的に、「作業はバッチ処理で進める」と「品質の概念を最初から組み込んでいく」といった継続的デリバリの原則を実践しているハイパフォーマンス

チームの場合、ブランチ（分岐したディレクトリ）の「寿命」は常に1日未満で、メインのトランクへの統合を頻繁に行っている。変更を追加するたびに、単体テストの実施も含めたビルドプロセスが発動(トリガー)される。このプロセスのどの部分が失敗しても、開発者は即座に修正を行う。

- **継続的テスト**——テストとは、機能の開発やリリースの作業が完了した時点で始めるものではない。テストは必要不可欠なものであるから、開発プロセスに必須の構成要素として常時行う必要がある。バージョン管理システムでコミットするたびに単体テストと承認テストが自動的に実行され、変更に関するフィードバックを開発者が迅速に入手できるようにするべきである。また、開発者は不具合の優先順位を決めて修正に当たれるよう、自動化されたテストはすべて実行可能にするべきである。テスターは、CIで生じる最新のビルドに対して継続的に探索型テストを行うべきである。関連する自動化テストがすべて作成され、そのすべてに合格しなければ「作業完了」を宣言するべきではない。

継続的デリバリとは、質の高いソフトウェアをより高頻度でより確実にユーザーに提供できるよう、複数のフィードバックループを作ることである[※2]。正しく実践できれば、新バージョンのリリースが、日常的な作業として、いつでもオンデマンドで実行できる。継続的デリバリの実現には、開発者とテスターのほか、UXや製品、運用の担当者も参加してもらい、デリバリプロセス全体を通しての各担当者の協働が欠かせない。

※2　こうしたフィードバックループをつなぐ上でカギとなるパターンは「デプロイメントパイプライン」と呼ばれている。https://continuousdelivery.com/implementing/patterns/ を参照。

4.2
継続的デリバリの効果

　2014年から2016年までに実施した最初の2、3回のイテレーションでは、下記をはじめとする数多くのケイパビリティについてモデル化と計測を行った。

- アプリケーションコード、システムコンフィギュレーション、アプリケーションコンフィギュレーション、ビルドスクリプト、コンフィギュレーションスクリプトに対するバージョン管理
- 信頼性が高く、修正が容易で、定期的に実行される、包括的なテストの自動化
- デプロイメントの自動化
- 継続的インテグレーション
- 情報セキュリティのシフトレフト（時間軸上左へ移す、つまり、従来よりも早い段階から実施する）——セキュリティ関連の作業とセキュリティ担当チームを、下流のプロセスからソフトウェアデリバリのプロセスに移動する
- 「寿命」の長い機能ブランチではなくトランクをベースにした開発
- テストデータの効果的な管理

　以上のケイパビリティの大半は、構成概念としてリッカート尺度を使って測定する[3]。たとえばバージョン管理に関するケイパビリティを測定する場合、回答者には下記の文にどの程度賛同できるかをリッカート尺度で回答してもらう。

---

[3] ただしデプロイメントの自動化は例外である。

第4章　技術的プラクティス

- アプリケーションコードをバージョン管理システムで管理している
- システムのコンフィギュレーションをバージョン管理システムで管理している
- アプリケーションのコンフィギュレーションをバージョン管理システムで管理している
- ビルドとコンフィギュレーションを自動化するためのスクリプトをバージョン管理システムで管理している

　回答が得られたら統計的分析を行い、上記のケイパビリティがこの調査で対象としている成果（や副作用）にどの程度の影響を与えているかを調べる。結果は予想どおり「上記のケイパビリティ全体が、ソフトウェアデリバリのパフォーマンスに強い好影響を与えている」というものであった（こうしたケイパビリティの中には、微妙なニュアンスを説明しておく必要があるものもある。本章の「4.4　継続的デリバリのプラクティス —— 有効性の高いものは」を参照されたい）。これ以外にも上記のケイパビリティには顕著で有益な効果がある。デプロイ関連の負荷やチームの燃え尽き症候群を軽減する効果である。仕事の質を高めるこうした効果に関しては以前から自分たちの所属する組織内で見聞してきていたが、それがデータで裏付けられた。しかもこれはうなずける結果である —— 継続的デリバリを実践すれば、チームにとってデプロイメントが負荷の高い大事ではなくなり、勤務時間中にこなす日常業務の1つとなる（チームメンバーの心身の健康に関する詳細は第9章を参照）。興味深いことに、継続的デリバリを実践できているチームは組織全体への親和度も高く、これは組織全体としてのパフォーマンスの重要な予測因子となりうる（詳細は第10章を参照）。
　すでに第3章で述べたように、我々は「継続的デリバリを実践すると、組織文化に好影響を与えることができる」との仮説を立て、そして分析の結果、それが真であることを立証できた。組織文化を改善したければ、継続的デリバリのプラクティスを実践すると効果が得られるのであ

る。「問題発生を即座に察知するためのツール」「そのツールを開発するための時間と資源」「問題をただちに修正できる権限」を開発者に与えることで、品質や安定性といったより広範なレベルで成果を上げる責任を開発者が担う環境を生み出せる。そしてこれが「全組織レベルの環境と文化」に関わるチームメンバーの意思疎通に好影響を及ぼすわけである。

2017年には分析対象を拡げて「継続的デリバリを実践する上で重要な『技術的ケイパビリティ同士の関係』をいかに測定するか」を掘り下げるべく、継続的デリバリの一次的構成概念（first-order construct）を作成した（つまり、一般人が日常的に使用している表現を使って継続的デリバリを測定した）。その結果、チームが次の2つの成果を出す能力に対する理解を深めることができた。

- チームがソフトウェアデリバリのライフサイクル全体にわたって本番（もしくはエンドユーザー向け）デプロイをオンデマンドで行える
- チームの全員が、システムの品質やデプロイ能力に関する迅速なフィードバックを入手でき、それに基づく対処を最優先で行う

分析の結果、立証されたのは、この2種類の成果に対し、2014年から2016年にかけて測定対象にした最初の複数のケイパビリティが、顕著で統計的に有意な影響を与えることである[※4]。この時点では新たに次の2種類のケイパビリティも測定し、これも継続的デリバリに顕著で統計的に有意な影響を与えることが判明した。

※4　ただし長さの制約のため、実際にテストしたのは技術的ケイパビリティの1つのサブセットのみである。こうしたケイパビリティについては、付録Aの最後に掲載した図を参照。

● 第4章　技術的プラクティス

- カプセル化した疎結合アーキテクチャ（詳細は第5章を参照）
- 「ツールが使い手にとって最適であること」を基準にして、チームが使用するツールを選べる環境

以上の関係を示したのが**図4.1**である。

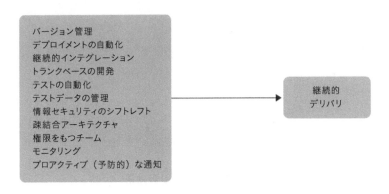

図4.1　継続的デリバリの促進要因

「継続的デリバリを実践するための継続的デリバリ」で終わってしまっては困るので、我々は継続的デリバリが組織全体に与える影響も探りたいと考えた。そこで「継続的デリバリは、ソフトウェアデリバリにおいてパフォーマンスの向上を促す」との仮説を立てたが、この時点ですでに、継続的デリバリが組織文化の改善さえ促すことを示唆する調査研究が存在していた。そして、以前と同様に、継続的デリバリの実践度の高いチームが下記のような成果を上げていることが判明した。

- 組織への帰属意識が強い（第10章を参照）
- （リードタイム、デプロイ頻度、サービス復旧までの所要時間の各尺度で測定した）ソフトウェアデリバリのパフォーマンスレベルが高い
- 変更失敗率が低い
- パフォーマンス志向で創造的な文化が浸透している（第3章を参照）

以上の関係を示したのが図4.2である。

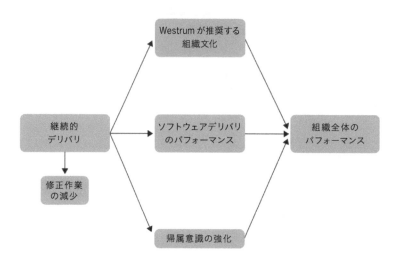

図4.2　継続的デリバリの効果

さらに良いことに「継続的デリバリの実践度が増すと、職務満足度ややりがいが高まる」という点も明らかになった。これはつまり「テクノロジーへの投資は人への投資でもある」ということであり、こうした投資により良好な開発プロセスの持続可能性が高まる（図4.3）。「アジャイルソフトウェア開発宣言」の12の原則の1つ「アジャイルプロセスは持続可能な開発を促進する。スポンサーも開発者もユーザーも一定のペースを継続的に維持できるようにしなければならない」[Beck et al. 2001]を実践する上で、継続的デリバリは効果的なのである。具体的には次の2つの効果が挙げられる。

- デプロイ関連の負荷を軽減する効果
- チームのバーンアウトを軽減する効果（第9章を参照）

●第 4 章 技術的プラクティス

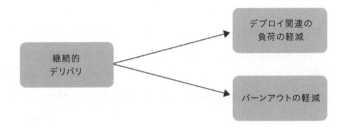

図4.3 継続的デリバリにより、良好な開発プロセスの持続可能性を高める

4.3 品質に対する継続的デリバリの効果

　我々が特に解明したかった問題は「継続的デリバリには品質を改善する効果があるか」であった。その答えを見つけるためには、まず品質を測定する何らかの方法を見つけなければならないが、これが難題であった。品質というものは状況（コンテクスト）に大きく依存する上に、主観的なものだからである。ソフトウェアの品質の権威であるJerry Weinbergも「品質は誰かにとっての価値である」と書いている［Weinberg 1992, p.7］。継続的デリバリに変更失敗率の低減効果があることはすでにわかっており、これは品質の重要な測定基準となる。とはいえ、次の3つの候補も試してみた。

- アプリケーションの質とパフォーマンスに対する担当者の知見
- 修正作業や予定外の作業にかかった時間の割合（作業全体の何%を占めているか）
- エンドユーザーが見つけた不具合の修正にかかった時間の割合

　分析の結果は「上記すべての基準がソフトウェアデリバリのパフォーマンスと相関をもつ」というものであった。ただし相関が最も強かったのは「修正作業や予定外の作業にかかった時間の割合」で、これ

●第1部　調査結果から見えてきたもの

には不具合の修理・調整作業、緊急時のソフトウェアのデプロイとパッチ、監査書類の緊急作成要請への対応などが含まれる。しかも継続的デリバリの実践度により、修正作業や予定外の作業の減少を統計的に有意な形で予測できる。ハイパフォーマーとローパフォーマーの間で、新たな作業、予定外の作業、修正作業、およびその他の作業にかかった時間に有意な差が認められたのである。その差異を示したのが図4.4である。

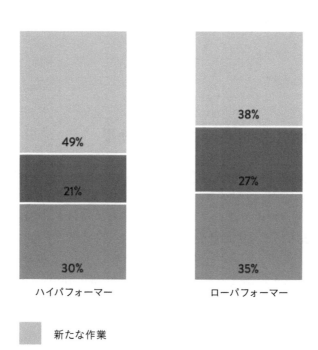

図4.4　新たな作業と予定外の作業等の比率

● 第4章　技術的プラクティス

　ハイパフォーマーの場合は新たな作業に費やす時間が49％、予定外の作業や修正作業に費やす時間が21％であったのに対し、ローパフォーマーの場合はそれぞれ38％と27％であった。生産工程の最初から「品質」の概念を組み込むのに失敗したことを示す事象が修正作業や予定外の作業であるため、この事象は品質を図る有用な尺度となりうる。「予定外の作業」について『The Visible Ops Handbook』では「車の燃料残量警告灯に注意を怠らない状況と、幹線道路でガス欠となってしまう状況」を対比して解説している［Behr et al. 2004］。前者の状況では、問題が発生しても計画的に対処でき、ひどくあわてたり、スケジュールに載っている他の作業に支障が出たりせずにすむが、後者の状況では、早急かつ（多くの場合）総動員で問題を解決しなければならない。たとえば、6人のエンジニアが進行中の作業をすべて中断し、満タンのガソリンタンクを抱えて問題のトラックに駆けつける、といった具合である。

　英国の心理学者で「ヴァンガード規格」を作ったJohn Seddonも、フェイリュアデマンド（Failure Demand。提供するサービスの質を高めるという「そもそも最初からやるべきこと」をきちんとこなさなかったために発生してしまう作業の必要性）を低減することの大切さを強調している。これはまさに継続的デリバリの主目的の1つで、具体的にはバッチ処理と継続的な工程内テストがその主役となる。

4.4
継続的デリバリのプラクティス
——有効性の高いものは

　すでに本章の前のほうで列挙したが、本調査研究では最終的に継続的デリバリを促進する効果の高いケイパビリティを合計9つ選び出した。その中には（興味深い）微妙なニュアンスを説明しておく必要のあるものがあり、それをこの項で扱う。ただし、アーキテクチャとツールの選択については1つの章を割いて詳しく解説する（第5章）。また、継続的インテグレーションとデプロイメントの自動化についてはこの章ではこれ以上は触れない。

4.4.1
バージョン管理

　「バージョン管理の包括的活用」は比較的異論の少ないケイパビリティである。我々の調査では、「アプリケーションコード」「システムコンフィギュレーション」「アプリケーションコンフィギュレーション」「ビルドとコンフィギュレーションの自動化スクリプト」についてバージョン管理の対象項目にしているか否かを尋ねた。その結果、これらの要因が全体としてITパフォーマンスの予測尺度となり、継続的デリバリの支柱の1つとなることが判明した。調査結果の中で特に興味深かったのは「システムおよびアプリケーションのコンフィギュレーションをバージョン管理の対象項目にしていること」のほうが、「アプリケーションコードをバージョン管理の対象項目にしていること」よりもデリバリのパフォーマンスとの相関が強かった点である。通常、コンフィギュレーションの管理はアプリケーションのコードほど重要視されないものだが、本調査研究ではそうした見方が誤りであることが立証された。

4.4.2
テストの自動化

前述のとおり、「テストの自動化」は継続的デリバリの支柱の1つであり、その関連プラクティスのうち、我々の分析でITパフォーマンスの予測尺度となりうることが判明したのは次の2つである。

- **信頼性の高い自動化テストの実施**──つまり、そのテストに合格したソフトウェアであればリリース可能、不合格であれば重大な不具合がある、とチームが確信できるようなテストを実施していること。誤検知(フォールスポジティブ)や見逃し(フォールスネガティブ)が多く、信頼性に欠けるテストスイートがあまりにも多すぎる。信頼度の高いテストスイートを作り上げる継続的な努力と投資は価値があるのである。その点で効果的なのが「信頼性に欠ける自動化テストを『隔離スイート』に入れ、他から独立した形で動かす」という手法である[※5]が、もちろん「信頼性に欠けるそうした自動化テストは完全に削除してしまう」という方法もありうる(削除しても、しかるべきバージョン管理ができていれば復旧できる)。

- **開発者が主体となった承認テストの作成・管理、および承認テストの容易な複製・修正**──我々の分析結果の中でも興味深いのは「主としてQAチームか外注先が作成・管理している自動化テストは、ITパフォーマンスと相関関係にない」という点である。この現象から推測されるのは「開発者が承認テストの作成・管理に関与すると、2つの重要な効果が生じる」という点である。第1は「開発者がテストを作成すると、コードがよりテスト可能なものになるという効果」で、これはテスト駆動開発(TDD：Test-driven Development)が重要なプラクティスであることの理由の1つである。開発者はテストがしやすいデザインを考案せざるをえないのである。そして第2は「自動化テストに対する責任を開発者が負うと、テストに対する意識が高まり、その管理や修正により注力するようになるという効果」である。

[※5] 詳細はhttps://martinfowler.com/articles/nonDeterminism.htmlを参照。

だからといって、テスターは不要だと言っているわけではない。テスターはソフトウェアデリバリのライフサイクルにおいて不可欠な役割を果たす。探索型テスト、ユーザビリティテスト、承認テストなどを手動で行い、開発者と協力して自動化テストスイートの作成と改良を助けるのである。

こうした自動化テストが完成したら、定期的な実施が重要だ、という点は我々の分析結果から見て明らかである。コミットのたびに、ソフトウェアのビルドと一群の自動化テストが即座にトリガーされるようにするべきである。

開発者はより包括的な承認テストとパフォーマンステストから毎日フィードバックを得るべきであり、テスターは最新のビルドに関する情報を入手して探索型テストを行えるようでなければならない。

4.4.3
テストデータの管理

自動化テストを作成する場合、テストデータの管理が難題となりうる。我々の調査では、成功しているチームは、完全自動でテストできる適切なテストデータがあり、自動化されたテストをオンデマンドで実施するためのテストデータの入手も可能であった。また、テストデータが、実行できる自動化テストに対して制約を加えることもなかった。

4.4.4
トランクベースの開発

本調査研究では「『寿命』の長い機能ブランチをベースにした開発をしているチームより、トランクベースの開発をしているチームのほうがデリバリのパフォーマンスが高い」という結果も出た。デリバリのパフォーマンスが高いチームのアクティブなブランチはどの時点でも3つ未満で、こうしたチームのブランチがトランクにマージされるまでの期間は非常に短く（1日未満）、プログラムの追加や変更をストップする

「コードフリーズ」や安定化期間はまったくなかった。なお、この調査結果がチームや組織のサイズ、業種に無関係である点は改めて強調しておく価値があるだろう。

　このようにして、トランクベースの開発というプラクティスには、ソフトウェアデリバリのパフォーマンスを向上させる効果があることがわかっても、「GitHub Flow」[※6]での作業に慣れている開発者の中には懐疑的な姿勢を崩さない者がいる。「GitHub Flow」はブランチを使った開発への依存度が高く、トランクへのマージは定期的に行うだけである。ただ、我々が聞いたところでは、ブランチ戦略は開発チームがブランチをあまり長期間維持しなければ効果的だそうで、「寿命」の短いブランチを最低でも1日1回トランクにマージするのであれば、一般に受け入れられている継続的インテグレーションのプラクティスと矛盾しないということであり、この点は我々も同意するところである。

　そこで我々が行った追加調査の結果は「インテグレーションタイムが1日未満と『寿命』が短いブランチを使い、マージとインテグレーションの期間を1日未満と短くしているチームは、より『寿命』の長いブランチを使って開発しているチームよりソフトウェアデリバリのパフォーマンスが高い」というものであった。この結果を受け、さらに我々が何人かに聞き取りをした結果と我々自身の経験とに基づいて「こうした結果が出たのは、より『寿命』の長いブランチを複数使うと、リファクタリングとチーム間のコミュニケーションを阻害するからだろう」という仮説を立てた。ただし、ここで押さえておくべきなのは「貢献者(コントリビューター)がフルタイムでプロジェクトに関わるわけではないオープンソースプロジェクトにはGitHub Flowが適している」という点である。こうした状況では、コントリビューターが作業をするブランチにおいて、マージまでの期間がより長くなってもやむをえない。

※6　https://guides.github.com/introduction/flow/にGitHub Flowの説明がある。

4.4.5
情報セキュリティ

　ハイパフォーマンスなチームは、情報セキュリティの概念をデリバリのプロセスに組み込んでいる傾向が強かった。こうしたチームでは設計の段階からデモの段階まで、さらにテスト自動化の支援段階に至るまで、ソフトウェアデリバリのライフサイクルを通して情報セキュリティの担当者がフィードバックを提供していた。しかもそれは、開発のプロセスを遅らせるような形ではなく、情報セキュリティの懸案をチームの日常の作業に組み込む形で実現していた。さらに言えば、こうしたセキュリティ関連のプラクティスを日常の作業に組み込むことで、ソフトウェアデリバリのパフォーマンスはさらに向上していた。

4.5
継続的デリバリの導入

　本調査研究では、継続的デリバリが組織のさまざまな側面に多大な好影響を及ぼすことが立証された。継続的デリバリには、デリバリのパフォーマンスと質を高め、組織文化を改善し、バーンアウトやデプロイ関連の負荷を軽減する効果がある。ただ、こうしたプラクティスを実践するには、チームの作業の進め方、チーム間のやり取りの仕方、使用するツールやプロセスなど、あらゆることを見直さなければならない場合が多い。また、テストやデプロイの自動化にもかなりの投資をしなければならないし、そうした自動化のためのツールの作成と管理に法外な費用がかからないよう、システムアーキテクチャの簡素化を継続的かつ徹底的に実施していかなければならない。

　つまり、継続的デリバリを実践する上できわめて高い壁となりうるのが、エンタープライズアーキテクチャとアプリケーションアーキテクチャなのである。この重要な問題に関する本調査研究の結果は次の第5章で詳しく紹介する。

✤ MEMO ✤

Chapter 5 Architecture

第5章

アーキテクチャの
キーポイント

●第1部　調査結果から見えてきたもの

　「継続的デリバリのプラクティスを導入すると、デリバリのパフォーマンスが向上し、組織文化に好影響が及ぶ。さらに、燃え尽き症候群やデプロイ関連の負荷が軽減される」——といった我々の調査結果を前章まで紹介してきた。しかし、アーキテクチャ（対象となるソフトウェアのアーキテクチャやそれが依存するサービスのアーキテクチャ）が、リリースプロセスやデリバリ対象のシステムにおいて速度や安定性の向上を目指す上での障害となってしまう場合がある。

　また、DevOpsや継続的デリバリのアプローチは、Webベースのシステムで生まれてきたものである。そのため、「メインフレームのシステム」「ファームウェア」「企業ソフトウェアシステム」に対して、DevOpsなどのアプローチが適用できるかどうかを確認しておくのが妥当であろう。それ以外にも、「数千ものシステムが密結合で構成されたもの」やさらには「理解可能なアーキテクチャを欠いたものとなっている、大きな泥だんご状態のシステム」[Foote and Yoder 1997]も確認したほうがよい。

　そこで、「デリバリのパフォーマンスに関わるアーキテクチャがらみの意思決定の影響」と「アーキテクチャがデリバリのパフォーマンスに加える制約の影響」ならびに「効果的なアーキテクチャを生み出す要因」の解明に我々は着手した。そして、その結果は「システムどうしが疎結合であれば、またその構築チームと維持管理チームとが疎結合であれば、あらゆる種類のシステムにおいてパフォーマンスの向上が可能」というものであった。

　アーキテクチャに関わるこの重要な特性を備えたチームなら、組織の規模を拡大したり運用するシステムの数を増やしたりしても、個々のコンポーネントやサービスを容易にテスト、デプロイできる——つまり、この重要な特性を備えた組織なら、規模拡大による生産性向上が見込めるのである。

5.1
システムのタイプとデリバリのパフォーマンス

　我々はシステムのタイプとチームのパフォーマンスとの間に相関関係があるか否かを見極めるため、さまざまなタイプのシステムについて調べた。具体的には、以下のタイプのシステムである（これには開発中の基幹システムも、他のサービスへの統合の対象であるシステムも含まれる）。

- 従来リリースされたことのない新種のシステム
- （エンドユーザーが直接使う）絆を強めるためのシステム（SoE：Systems of Engagement）
- （業務上不可欠な情報を保存するために使われ、データの一貫性や整合性がきわめて重要なカギとなる）記録のためのシステム（SoR：Systems of Record）
- 他社開発のカスタムソフトウェア
- 社内開発のカスタムソフトウェア
- 市販のパッケージソフトウェア
- ハードウェアへの組み込みソフトウェア
- ユーザーがインストールしたコンポーネント（モバイルアプリなど）をもつソフトウェア
- 他社が運用するサーバーで動く非メインフレーム系ソフトウェア
- 自社のサーバーで動く非メインフレーム系ソフトウェア
- メインフレーム系ソフトウェア

　調査の結果、ローパフォーマーとなる傾向が強いのは、次のように回答したチームであった――「構築中のソフトウェア（あるいは利用する必要のある一群のサービス）は、他社（外注先など）が開発したカスタムソフトウェアである」、または「メインフレームのシステムで作業を進

● 第1部　調査結果から見えてきたもの

めている」。興味深いのは、「メインフレーム系システムへの統合の対象である」という環境と、それを担当しているチームのパフォーマンスとの間に、有意な相関関係が見られなかった点である。

　他のケースではシステムのタイプとデリバリのパフォーマンスに有意な相関関係は見受けられず、これは意外な結果であった。というのも我々はパッケージソフトウェア、SoR、組み込みソフトウェアを使っているチームはパフォーマンスが低く、SoEや新種のシステムを使っているチームはパフォーマンスが高いと予測していたからである。そしてその予測が外れていたことを立証するデータが得られた。

　これによって、アーキテクチャの実装の詳細よりも（このあと説明する2つの）アーキテクチャがもつ特性に注目することの重要性が浮き彫りになった。つまり、パッケージソフトウェアやメインフレーム上の「レガシー」システムでもこの2つの特性をもたせることは可能で、逆にたとえ最先端の「コンテナによるマイクロサービスアーキテクチャ」を採用しているとしても、この2つの特性を見過ごすのであればパフォーマンスの向上は保証されない、ということである。

　第2章でも述べたように、「ソフトウェアデリバリのパフォーマンスが組織のパフォーマンスに影響を与える」という前提に立つと、自社の事業に必須の差別化要因をもたらす中核的・戦略的なソフトウェア製品やサービスを創出・発展させうるケイパビリティ（機能、能力）への投資が重要になる。そして、「ローパフォーマーは他社が開発したカスタムソフトウェアを使っている、あるいはそれを統合の対象にしている場合が多い」という事実が、このケイパビリティを社内で採用・強化することの重要性を際立たせている。

5.2
注力すべきはデプロイとテストの容易性

　ハイパフォーマンスの実現という点で、構築中のシステムのタイプが大きな影響を及ぼすことはめったにないが、アーキテクチャの特性の中には大きな影響を及ぼしうるものが2つある。我々の調査では、次の2つの事項に「同意できる」と回答した組織であればハイパフォーマーである可能性が高い、という結果が出たのである。

- テストの大半を、統合環境を必要とせずに実施できる[※1]
- アプリケーションを、それが依存する他のアプリケーションやサービスからは独立した形で、デプロイまたはリリースできる(そして実際にもデプロイまたはリリースしている)

　アーキテクチャに関わるこの2つの特性を、我々は「テスト容易性」と「デプロイ容易性」と呼んでいるが、この2つがパフォーマンスを向上させる上で重要だと思われる。この2つの特性をもたせるには、システムが疎結合である必要がある──つまり相互に独立した形で変更・検証できなければならない。そこで我々は2017年の調査研究で分析範囲を拡大し、カプセル化された疎結合アーキテクチャがパフォーマンスをどの程度向上させるかを調べた。その結果、そうしたアーキテクチャには確かにITパフォーマンスを向上させる効果があることが判明した。2017年度の分析では、次のケイパビリティをチームが備えているか否かが「テストとデプロイの自動化」をも凌いで、継続的デリバリの最強の促進要因となっていたのである。

※1　我々が定義する「統合環境」とは、複数の独立したサービスがともにデプロイされる環境(たとえばステージング環境など)のことである。多くの組織にとって統合環境は費用がかさむ上に準備にも相当な時間を要する。

● 第 1 部　調査結果から見えてきたもの

- チーム外の人物の許可を得なくても、対象システムに大幅な変更を加えられる
- 対象システムの変更作業で他チームに頼ったり、他チームに相当量の作業を課したりすることなく、対象システムに大幅な変更を加えられる
- チーム外の人々とやり取りしたり協働したりすることなく作業を完遂できる
- ソフトウェア製品やサービスを、それが依存する他のサービスに関係なく、オンデマンドでデプロイ、リリースできる
- 統合テスト環境を必要とせずに、オンデマンドでテストの大半を実施できる
- デプロイメントを、無視できるほどわずかな稼働停止時間(ダウンタイム)のみで、通常の勤務時間内に完了できる

　アーキテクチャ関連のケイパビリティでパフォーマンスが高かったチームは、デリバリ担当チーム間でのやり取りをほとんど必要とせずに作業を完遂でき、システムのアーキテクチャも、担当チームが他チームに依存せずにシステムのテスト・デプロイ・変更を行える設計となっている。言い換えると「チームとアーキテクチャが疎結合」なのである。これを実現するには、デリバリ担当チームが職能上の枠に縛られず、同一のチーム内でシステムの設計・開発・テスト・デプロイ・運用を行うのに必要なスキルをすべて兼ね備えていなければならない。

　チーム間のコミュニケーションの状態とシステムアーキテクチャとのこのような関係を最初に論じたのは米国のコンピュータ草創期のプログラマーMelvin Conwayであり、具体的にはこう述べた──「システムを設計する組織は＜中略＞その組織のコミュニケーション構造を反映した設計しか生み出せないという制約に縛られる」［Conway 1968］。これに対して我々の調査研究では「逆コンウェイ戦略[2]」とも

※2　逆コンウェイ戦略に関してはhttps://www.thoughtworks.com/radar/techniques/inverse-conway-maneuverを参照。

呼ばれる考え方——組織はチーム構造と組織構造を進化させて、望ましいアーキテクチャを実現すべきだ、という考え方——を裏付ける結果が出ている。目指すべきは「＜チーム間のコミュニケーションをさほど要さずに、設計からデプロイまでの作業を完遂できる能力＞を促進するアーキテクチャを生み出すこと」なのである。

　この戦略を可能にするアーキテクチャ面でのアプローチとしては「コンテキスト境界とAPIにより、大規模なドメインを、より小規模、より疎結合なユニットに分割する」「テストダブル（ソフトウェアのテストでテスト対象が依存するコンポーネントを書き換えた代用品）と仮想化により、サービスやコンポーネントを独立した形でテストする」などが挙げられる。この点で、サービス指向のアーキテクチャなら（またマイクロサービスアーキテクチャも、堅固なものであれば）しかるべき成果を上げられるはずである。ただしそうしたアーキテクチャを実現しようとする際には、成果の達成度の厳密なモニタリングが不可欠である。あいにく現実には、サービス指向を謳っているにもかかわらず、独立した形でサービスをテスト・デプロイできず、チームがパフォーマンスを高められない、というアーキテクチャが多い[※3]。

　もちろんDevOpsのキモはチーム間のより良い協働であり、ここで「チームは協力し合うべきではない」などと説いているわけではない。疎結合のアーキテクチャの目的は「組織内でのコミュニケーションの処理能力を、実装レベルの細かな意思決定に関するやり取りで使い切ったりせず、より高次な共通の目標やその達成方法に関する議論に使えるようにすること」なのである。

※3　Steve Yeggeのブログ記事「プラットフォームにまつわる怒りのつぶやき」（http://bit.ly/yegge-platform-rant）に、こうした目標の達成に有益な助言がある。

5.3
疎結合アーキテクチャにはスケーリング促進効果も

　カプセル化された疎結合アーキテクチャと、それに合った組織構造を実現すると、2つの重要な効果が得られる。第1の効果は「作業のテンポと安定性が向上し、バーンアウトやデプロイ関連の負荷が軽減されて、デリバリのパフォーマンスが向上する」というもの、第2の効果は「技術系部署をかなりの規模まで拡大でき、しかも生産性を直線的に（あるいはそれを上回る率で）高められる」というものである。生産性の測定に際しては、調査データから「開発者1人当たりの1日のデプロイ件数」を算出し、これを活用した。ソフトウェア開発チームの規模拡大に関しては「チームの開発者数を増やすと全体的な生産性は上がるが、コミュニケーションとインテグレーションのオーバーヘッドが増えるため個々の開発者の生産性は下がる」という見方が従来からの主流であるが、我々の調査研究では、最低でも1日に1回デプロイを行っているという回答者の「開発者1人当たりの1日のデプロイ件数」は図5.1のようになった。

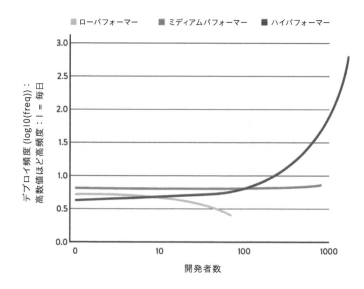

図5.1　開発者1人当たりの1日のデプロイ件数

● 第5章　アーキテクチャのキーポイント

つまり、開発者の人数が増えるにつれて、各カテゴリーに属する開発者のデプロイ頻度は次のように変化したわけである。

- ローパフォーマーではデプロイ頻度が落ちる
- ミディアムパフォーマーではデプロイ頻度が変わらない
- ハイパフォーマーではデプロイ頻度が有意に上がる

　パフォーマンスの高いデリバリの予測要因——目標志向の創造的な組織文化、モジュラーアーキテクチャ、継続的デリバリを促進する技術的プラクティス、優れた指導力——に焦点を当てれば、開発者の人数を増やすことで「開発者1人当たりの1日のデプロイ件数」を直線的に（あるいはそれを上回る率で）増大させうる。この方法であれば、増員を図っても、作業速度の低下を招く通常のケースとは異なり、**加速**できるわけである。

5.4 必要なツールをチーム自らが選択できる

　エンジニアが、あらかじめ承認されたものの中からツールやフレームワークを選ぶしかない、という組織は多い。このアプローチの目的としては次のようなものが挙げられる。

- 作業環境の複雑さを減らす
- 利用する技術をライフサイクルを通して管理するのに必要なスキルを確保する
- ベンダーからの購買力を強める
- 使用するすべてのソフトウェアなどのライセンス管理を適正に行う

　しかしこうした柔軟性に欠けるアプローチを採っていると、チームは自分たちのニーズに最適なツールを選べず、問題解決のために新たなアプローチやパラダイムを試すこともできない。

　我々の分析では「ツールの選択も、技術的作業の重要な要素である」ということが立証されている。必要なツールをチームが選択できる場合、ソフトウェアデリバリのパフォーマンスが向上し、それが組織全体のパフォーマンスにも好影響を与える。これは驚くには当たらない結果である。ソフトウェアの開発とデリバリ、複雑なインフラの運用を担当する技術系の専門職であれば、作業の完遂とユーザーサポートに最善を図れるようツールを選ぶからである。同様の結果が、技術系専門職を対象にした他の調査研究（［Forsgren et al. 2016］など）でも示されており、これはツールの選択をチームに任せることの利点が不利益を凌ぐことを示唆している。

　とはいえ、特にインフラのアーキテクチャや構成に関して言えば、標準化も悪くはない。たとえば運用プラットフォームを標準化することの利点をHumbleが詳細に解説しているほか［Humble 2017］、Steve

● 第 5 章　アーキテクチャのキーポイント

　YeggeもAmazonのサービス指向アーキテクチャ（SOA）への転換に関する記述で「他のエンジニアが書いたコードのデバッグは自分で書いたコードの場合よりも**はるかに**難しく、デバッグ可能なサンドボックスですべてのサービスを動かすための共通の基準がなければ、そうしたデバッグは基本的に不可能だ」と書いている［Yegge 2011］。

　もう1つ、本調査研究で判明したのが「情報セキュリティの概念をデリバリのプロセスに組み込んでいるチームも継続的デリバリのパフォーマンスが高い」という点である。ここでカギとなる要素は「事前に承認された、使い勝手の良いライブラリ、パッケージ、ツールチェーン、プロセスを、開発者とIT運用担当者が作業で使用できるよう、情報セキュリティの担当チームが取り計らうこと」である。

　こうした状況に矛盾点はまったくない。使用者であるエンジニアは、提供されたツールが非常に有用なものであれば、それを喜んで採用するからである。これは他の関係者に有用なツールをエンジニアに押し付けるというアプローチよりもはるかに優れている。エンジニアは「内部顧客」であり、ツールの選択や構築の段階でそうした内部顧客にとってのユーザビリティと満足度に焦点を当てることは、製品の構築で「外部顧客」に焦点を当てるのと同程度に重要である。その意味で、ツール選択の判断をエンジニアに任せれば、常に公正を期すことができる。

5.5 アーキテクチャ設計担当者が焦点を当てる エンジニアと成果

　アーキテクチャをめぐる議論では「マイクロサービスかサーバーレスか」「Kubernetes（クーベネティス）かMesos（メソス）か」「どのCIサーバー・言語・フレームワークを標準にすべきか」といった具合に、とかくツールやテクノロジーに焦点を当てがちだが、本調査研究では、こうした焦点の当て方が誤りであることが立証されている。

　使い手がまるで使う気になれないツールやテクノロジー、使い手が重視する成果や振る舞いを実現できないツールやテクノロジーを使わせる、というのは不適切なアプローチである。重要なのは、チームが他のチームやシステムに依存せずに製品やサービスに変更を加えられることである。アーキテクチャの設計担当者は、そのアーキテクチャの使い手、すなわち組織が使命を全うするためのシステムを構築・運用する担当エンジニアと緊密に協力し、そうしたエンジニアがより良い結果を出せるよう助け、そうした結果を出せるツールとテクノロジーをエンジニアに提供するべきなのである。

Chapter 6 Integrating Infosec into the Delivery Lifecycle

第6章

デリバリライフサイクルに情報セキュリティを組み込む

●第1部　調査結果から見えてきたもの

　DevOpsという言葉には、テスト・製品管理・情報セキュリティといった概念が含まれていない。異論もあるだろうが、万全とは言い難い名称である。DevOpsムーブメントの本来の大きな目的は「開発チームと運用チームは、縦割り組織で壁越しに成果物を丸投げし、問題が起きれば責任は相手にあると非難し合うのではなく、両方のチームの力を結集し、ともにシステムレベルの目標達成を視野に入れて互恵的な解決法を編み出す」というものである。とはいえ、上記のような対立はなにも「開発チーム vs. 運用チーム」に限られるものではなく、ソフトウェアデリバリのバリューストリームのどの部分であっても、関与する部門同士の協働がはかばかしくない場合には対立が起きる。

　特に情報セキュリティの担当チームの役割をめぐる議論では、こうした状況が浮き彫りになる。情報セキュリティはきわめて重要な部署であるにもかかわらず、しかるべき人材や人数を欠いている場合が多いのである。現にSignal Sciencesの研究部門を率いるJames Wickettが引用している大企業の人員構成は「開発者100人当たり、インフラ担当者10人、情報セキュリティ担当者1人」という比率になっている［Wickett 2014］。しかもそうした少数の情報セキュリティ担当者が、ソフトウェアデリバリのライフサイクルの中でも、セキュリティ状態を改善するための変更追加が困難で、費用もかさむことの多い最終段階でしか関与しないのが一般的なのである。さらに、開発者の多くは、OWASP Top 10[※1]などで公表されている、よくありがちな情報セキュリティリスクとその予防法にも疎いという現状もある。

　本調査研究では「情報セキュリティの対策を最初からソフトウェア開発に組み込むと、デリバリのパフォーマンスが向上するだけでなく、セキュリティの質も上がる」ということが立証されている。デリバリのパフォーマンスが高い組織では低い組織よりもセキュリティ問題の修

※1　詳細はhttps://www.owasp.org/index.php/Category:OWASP_Top_Ten_Projectを参照。

正の所要時間が有意に少ない。

6.1
情報セキュリティのシフトレフト

　本調査研究では「チームが情報セキュリティを時間軸上の左へ移動（シフトレフト）すると、継続的デリバリを実現する能力が向上し、ひいてはデリバリのパフォーマンスも向上する」との結果が出ている。情報セキュリティ関連の作業を独立したフェーズとして開発プロセスのダウンストリームで実施するのではなく、最初からソフトウェアのデリバリのプロセスに組み込むのである。

　こうした「シフトレフト」によって、どのような状況が生まれるのだろうか。第1は、主要機能のすべてについて情報セキュリティに関するレビューが行われるようになり、しかもこのレビューのプロセスが、開発プロセスの速度を落とさない方法で進められる、という状況である。情報セキュリティに配慮しても開発のスループットが落ちないようにするにはどうすればよいのか。これはシフトレフトがもたらす第2の状況の**キモ**となるもので、第2の状況とは「情報セキュリティが、開発から運用まで、ソフトウェアデリバリのライフサイクル全体に組み込まれるようになる」というものである。要するに情報セキュリティの専門家は設計プロセスにも関与し、デモに参加してそのフィードバックを返し、自動化されたテストスイートの一貫として情報セキュリティ関連の機能のテストが確実に行われるよう計らうべきなのである。そして、シフトレフトがもたらす第3の（最後の）状況は「開発者が情報セキュリティに関してなすべきことを容易に行える」というものである。これは、事前に承認された、使い勝手の良いライブラリ、パッケージ、ツールチェーンあるいはプロセスを、開発者とIT運用担当者が利用できるよう取り

● 第 1 部　調査結果から見えてきたもの

計らうことで実現できる。

　つまりは情報セキュリティの担当チームが「セキュリティ関連のレビューを行う」という状況から「情報セキュリティを組み込むための手段を開発者に提供する」という状況への転換である。この背景には2つの事象がある。第1は「ほぼ完成に近いシステムなり機能なりを検査して、(大規模な修正作業が必要になりそうな)アーキテクチャがらみの大きな問題や欠陥を見つけるよりも、ソフトウェアを構築している開発者自身が情報セキュリティ関連でなすべき作業を担当するほうがはるかに簡単だ」という現実であり、第2は「デプロイの頻度が高くなると、情報セキュリティ担当チームはいちいちレビューをしている余裕がなくなる」という現実である。多くの組織で、情報関連のセキュリティとコンプライアンスが、「開発完了」から「本番稼働」への移行作業で重大なボトルネックとなっている。また、開発プロセス全体を通して情報セキュリティの専門家を関与させることで、コミュニケーションと情報の流れが改善するという効果も得られる —— これはまさにDevOpsが提唱する、開発側と運用側の双方にとって互恵的な目標にほかならない。

米国政府機関におけるコンプライアンス

米国の政府機関は連邦情報セキュリティマネジメント法(FISMA: Federal Information Security Management Act of 2002)に縛られ、国立標準技術研究所(NIST: National Institute of Standards and Technology)が策定したリスク管理フレームワーク(RMF: Risk Management Framework)の遵守を義務付けられている。このRMFは多数のタスクから成る。たとえば、該当する情報セキュリティシステム要件(「影響が軽度のシステム」の要件は325項目)の遵守状況を報告するための「システムセキュリティ計画(SSP)」の作成、セキュリティ管理策の実施状況のアセスメントと、その結果を報告するための「セキュリティアセスメントレポート(SAR)」の作成などだ。しかしこのプロセスの完了に数ヵ月から1年以上を要する部署もある上に、システムの開発が完了した時点でようやくこのプロセスに着手する部署が少なくない。

これを受けて、米国総務庁の18F(18階オフィス)で小さなチームが組織され、連邦政府向けの情報システムのデリバリに要する時間とコストの削減を進めることになった。そこで、Pivotalが提供するオープンソースのCloud Foundry上にcloud.govというアプリケーションプラットフォームを構築し、AWS(Amazon Web Services)でのホスティングを開始した。cloud.govでホストされているシステムに対する情報セキュリティシステム要件の大半(「影響が軽度のシステム」が満たすべき要件325項目のうち269項目)は、このプラットフォームのレベルで満たされている。cloud.govでホストされているシステムの場合、「開発完了」から「本番稼働」へ移行する作業を「月」ではなく「週」の単位で完了できる。これなら上記のリスク管理フレームワーク(RMF)の要件を満たすのに必要な作業を、したがってコストも、かなり削減できる。

詳細は、https://18f.gsa.gov/2017/02/02/cloud-gov-is-now-fedramp-authorized/を参照。

●第1部　調査結果から見えてきたもの

ソフトウェアデリバリのライフサイクルにセキュリティを組み込む仕事が開発者の日常的な作業となり、さらには、開発者が情報セキュリティの点でなすべきことを容易に行えるよう、必要なツールやトレーニングを提供するなどの支援を情報セキュリティの担当チームが行えるようになるとしよう。その場合、デリバリのパフォーマンスが向上し、情報セキュリティの面でも好影響が出る。本調査研究では「ハイパフォーマーが情報セキュリティに関わる問題の修正にかけた時間はローパフォーマーの2分の1」という結果が出ている。情報セキュリティに関わる問題を開発の最終段階で修正するのではなく、セキュリティ対策を開発者の日常的な作業にすることにより、セキュリティ関連の問題への対処に要した時間が有意に減少したのである。

6.2 「セキュアなソフト」を目指す動き

「DevOps」を、情報セキュリティ問題も包含するものに改めようと、すでに新たな呼称がいくつか提案されている。たとえばCapital OneのTopo PalやIntuitのShannon Lietzをはじめとする業界関係者による「DevSecOps」や、Josh CormanとJames Wickettによる「Rugged DevOps」などである。後者は、次に挙げる「Rugged Manifesto(ラギッド マニフェスト)」を、DevOpsと組み合わせる形を取っている。

- 私は頑強（rugged）である。さらに重要なのは、私の書くコードが頑強だということである
- 私はソフトウェアが現代の世界の基盤となったことを認識している
- 私はそうした基盤としての役割に伴う重責を認識している
- 私は自分のコードが予期せぬ方法、意図しなかった方法で、予想外に長期にわたって使われうることを認識している

●第6章 デリバリライフサイクルに情報セキュリティを組み込む

- 私は自分のコードが、物理的・経済的・国家的セキュリティを脅かす有能かつ粘り強い敵対者に攻撃されうることを認識している
- 私は以上の各点を認識している――だからこそ私は「頑強であること」を選択する
- 私が頑強であるのは、脆弱性や弱点の原因となることを拒否するからである
- 私が頑強であるのは、自分のコードの任務遂行を支援するためである
- 私が頑強であるのは、自分のコードが上記のさまざまな難題に直面しつつも存続できるようにするためである
- 私が頑強であるのは、それが容易だからではなく、必要なことだからであり、さらには「頑強である」という難題に挑む気概があるからである [Carman et al. 2012]

この「ラギッドマニフェスト」ムーブメントを、DevOpsの原則と歩調を合わせつつ推進するため、誰もが「頑強」となるべく責任を果たさなければならない。

✤ MEMO ✤

Chapter 7　Management Practices for Software

第7章

ソフトウェア管理の
プラクティス

●第1部　調査結果から見えてきたもの

　ソフトウェアデリバリをめぐる管理の理論とプラクティスは、ここ数十年にわたり各種パラダイムが提唱・実践される中で大きな変遷を遂げた。長年優位に立っていたのはプロジェクトマネジメント協会（PMI：Project Management Institute）やPRINCE2などが提唱していたプロジェクト／プログラム管理のパラダイムであったが、2001年に「アジャイルソフトウェア開発宣言」が発表されると、アジャイル型開発手法が急速に広まった。

　その一方で、工場などの製造現場で普及しつつあった「リーン生産方式」がソフトウェアの分野にも応用され始めた。この方式のベースとなったのは「トヨタ生産方式」である。これはトヨタが諸外国・地域に比べて規模の小さな自国市場向けに多種多様な車を製造するという課題を解決するために編み出した手法であり、現場の徹底した改善活動により競合他社よりも迅速に低コストで高品質の車の製造を実現するに至った。勢いを得たトヨタやホンダは米国の自動車市場にも食い込み、煽りを食った米国の自動車業界は「トヨタ生産方式」を採用する以外に生き残りの道はなかった。このようなリーン生産方式の考え方をソフトウェア開発に採り入れることを一連の著作で他に先駆けて提唱したのはMary and Tom Poppendieckである[1]。

　本章では、こうしたリーン思考に基づく管理プラクティスと、そのソフトウェアデリバリのパフォーマンス促進効果について解説する。

---

[1]『Lean Software Development――An Agile Toolkit』（邦訳『リーンソフトウェア開発：アジャイル開発を実践する22の方法』平鍋健児、高嶋優子、佐野建樹 訳、日経BP社、2004年）、『Lean Implementing Software Development――From Concept to Cash』（邦訳『リーン開発の本質』高嶋優子、天野勝、平鍋健児 訳、日経BP社、2008年）、『Leading Lean Software Development』（邦訳『リーンソフトウェア開発と組織改革』依田光江 訳、依田智夫 監訳、アスキー・メディアワークス、2010年）

7.1
リーンマネジメントのプラクティス

本調査研究では、リーンマネジメントと、そのソフトウェアデリバリの応用について、次の3つの構成要素を用いてモデル化した（**図7.1**と、本章の「7.2 負担の軽い変更管理プロセス」の項を参照）。

1. 進行中の作業（WIP：Work in Progress）を制限することでプロセスの改善とスループットの増大を図る
2. 品質と生産性に関する重要な数値指標と、（不具合も含めた）作業の現況とを一覧できるビジュアルディスプレイを作成・継続管理する。エンジニアも管理者もビジュアルディスプレイを利用できるようにし、掲示されている数値指標を経営目標に追従させるよう努力を重ねる
3. アプリケーションのパフォーマンスとインフラのモニタリングツールから得たデータに基づいて、日常レベルのビジネス上の意思決定を行う

> **リーンマネジメント**
> 進行中の作業（WIP）の制限
> 可視化（見える化）
> ワークフローの可視化
> 負担の軽い変更承認プロセス

図7.1　**リーンマネジメントの構成要素**

「WIP制限」と「ビジュアルディスプレイ」はリーン思考の実践コミュニティではおなじみの手法である。いずれも（リードタイムを長引かせてしまう恐れのある）過負荷の予防と、ワークフローに対する障害要因の明確化とに活用されている。こうした文脈で特に注目に値するのは、「WIP制限が単独ではデリバリのパフォーマンスの有力な予測尺度になりえない」点である。「WIP制限」は「ビジュアルディスプレイ」と併用

●第1部　調査結果から見えてきたもの

した上で、さらに作業状況のモニタリングツールからデリバリ担当チームや事業部へフィードバックが提供されるループを確立することで、初めて強力な効果を発揮するのである。こうした複数のツールをチームが総合的に使いこなせれば、ソフトウェアデリバリのパフォーマンスに対してはるかに強力な影響を与えることができる。

　ここで、この文脈で我々が調査に使用している質問を紹介しておく。WIPについて聞く際には、「チームのWIP制限の能力が高いか否か」「WIP制限のプロセスが確立されているか」だけでなく、「チームのWIP制限が業務フローの可視化を妨げていないか」「妨げているとすれば、それをプロセスの改善によって解消し、スループットの向上につなげているか」も確認している。WIP制限は、改善努力によるフロー促進につながらなければ意味がない。

　一方、「ビジュアルディスプレイ」については、次のように質問している――「ダッシュボードなど、ビジュアルディスプレイで情報の共有を図っているか」「作業の計画立案にカンバンやストーリーボードを活用しているか」「品質と生産性に関する情報を随時容易に入手できるか」「失策や不具合の発生率をビジュアルディスプレイで知らせているか、そしてその情報の入手可能性はどの程度か」。要は「表示される情報のタイプ」「共有の範囲」「アクセス可能性」を尋ねる質問であり、カギとなるのは「可視性」と「質の高いコミュニケーション」である。

　我々は「上記のようなプラクティスを併用すればデリバリパフォーマンスが向上する」という仮説を立て、それを立証した。また、上記プラクティスはチームの文化とパフォーマンスに好影響を与えることも判明した。さらに、図7.2に示したように、リーンマネジメントのこうしたプラクティスには、チームの燃え尽き症候群(バーンアウト)を軽減する効果(第9章を参照)と、より創造的な組織文化を促進する効果(第3章のWestrumのモデルを参照)もある。

●第 7 章　ソフトウェア管理のプラクティス

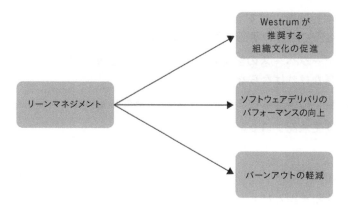

図7.2　リーンマネジメントのプラクティスの効果

7.2
負担の軽い変更管理プロセス

　本番環境に変更を加えるためのプロセスは、どのような組織にも存在する。スタートアップであれば「開発者が自分のコードを本番環境へプッシュする前に、仲間にレビューを頼む」というごくシンプルなプロセスが多いだろう。大きな組織であれば、正式なコードレビューなどチームレベルのレビューのほかに、変更諮問委員会（CAB：change advisory board）のレビューも受けなければならず、何日か、あるいは何週間もかかってしまうケースが多い。

　我々はこうした変更承認プロセスがソフトウェアデリバリのパフォーマンスに与える影響を調べたいと考え、調査で次の4つのシナリオについて回答してもらった。

● 第1部　調査結果から見えてきたもの

1. 本番環境に対する変更については必ずチーム外の人や組織（管理者やCAB）の承認を得なければならない
2. データベースの変更などハイリスクな変更に関してのみ、承認を得なければならない
3. 変更の管理はピアレビューだけで済ませている
4. 変更承認プロセスはない

　結果は予想外のものであった。上記2.の「ハイリスクな変更に関してのみ、承認を得なければならない」というプラクティスとソフトウェアデリバリのパフォーマンスとの間には相関が見られず、この2.のチームをパフォーマンスの点で上回っていたのが3.と4.のチームであり、下回っていたのが1.のチームだったのである。

　そこで1.の「必ずチーム外の人や組織の承認を得なければならない」というプラクティスと安定性との間に相関があるか否かを対象チームについて調べてみた。すると、このプラクティスと「リードタイム」「デプロイ頻度」「サービス復旧までの所要時間」との間には負の相関があり、「変更失敗率」との間には相関がないとの結果が出た。つまり、チーム外の人や組織（管理者やCAB）の承認を得なければならない場合、（サービス復旧までの所要時間と変更失敗率を尺度にして測定した）本番環境のシステムの安定性は**向上せず**、むしろ確実に作業の遅れを招いてしまうのである。「変更承認プロセスはない」と回答したチームのパフォーマンスのほうがまだましであった。

　以上の結果を踏まえて我々が推奨するのは「ペアプログラミングやチーム内でのコードレビューなど、負担の軽い（ライトウェイト）変更承認プロセスとともに、望ましくない変更を探知・排除するためのデプロイメントパイプラインと併用する」という手法である。この手法はコード、インフラ、データベースのいずれに対する変更にも応用できる。

役割分担のコツ

　規制産業では大抵「業務の隔離（SOD：segregation of duties）」が義務付けられている。規定として定められている場合もあれば（クレジットカード情報保護のためのセキュリティ基準「PCI DSS」など）、オーディターから命じられる場合もある。だからといって必ずしも変更諮問委員会や専門の担当チームを設置しなければならないわけでもない。「業務の隔離」を明確化し現場でも徹底させる上で効果的な手法が2つある。

　1つは「いかなる種類のものであれ変更をコミットする際には、バージョンコントロールへのコミットの直前か直後に、その変更のコード作成に関与していない者がレビューを行う」という手法である。レビューを担当するのは同じチームのメンバーでかまわないが、何らかの記録管理システムで変更を記録することで承認する。たとえばGitHubならばプルリクエストの承認、デプロイメントパイプラインツールならばコミット直後にマニュアルステージの承認といった具合だ。

　もう1つは「どの変更も、デプロイメントパイプラインの1つの要素である完全自動化プロセスを経なければ本番環境に追加できないようにする」という手法である[※2]。つまりどんな変更であっても、バージョンコントロールにコミットし、標準のビルドとテストのプロセスによる検証にパスした上で、デプロイメントパイプラインでトリガーされた自動化プロセスによりデプロイされる、という仕組みをとるのである。デプロイメントパイプラインを実装すると、「どの変更がどの環境に追加されたか」「それがバージョンコントロールのどこから来たのか」「どのようなテストと検証を受けたか」「いつ誰の手で承認されたのか」がすべてわかる完全な記録をオーディターは入手できる。このようにデプロイメントパイプラインは、安全性の維持・確保を最重要視する業界や規制の厳しい業界では非常に有用なのである。

※2　デプロイメントパイプラインの詳細はhttps://continuousdelivery.com/implementing/patterns/ を参照。

●第1部　調査結果から見えてきたもの

　チーム外の人や組織の承認を義務付けるというプラクティスになぜ問題があるのかは理論上、明白である。何と言ってもソフトウェアシステムというものは複雑であり、どの開発者にとっても、無害だと信じて加えた変更によってシステムが一部削除されてしまう危険性がゼロではない。チームのメンバーほどにはシステムを知り尽くしてはいない部外者が、何人もの開発者が作成した何万行ものコード変更をレビューしたところで、その変更が本番環境のシステムにもたらす影響をどの程度正確に見極められるか、わかったものではない。これは「見せかけ」のリスク管理なのである —— つまり、何か問題が発生したときに少なくとも「プロセスはきちんと守った」と言えるよう、決められた手順だけは踏んでおくわけである。このようなプラクティスなら、遅延や作業の引き継ぎを招くだけで済めば幸運と言えるくらいだ。

　とはいえ、チーム外の人や組織でも、変更に関わるリスク管理に参画する余地はあると思う。ただし、実際に変更の精査作業そのものに関与するのではなく、管理的な色合いの濃い業務となる。その場合のチームでは、デリバリのパフォーマンスを常時監視すべきである。加えて、安定性・品質・速度を向上させるものと知られているプラクティス（たとえば本書で紹介している継続的デリバリやリーンマネジメントのプラクティスなど）を現場チームが実践するよう促すことで、パフォーマンスの向上を支援すべきである。

Chapter 8 Product Development

第8章

製品開発のプラクティス

● 第1部　調査結果から見えてきたもの

　アジャイル型開発手法は方法論としては知名度が上がり、とりあえずはライバルとの生存競争に勝ち抜いたと言える。しかし現場における実践状況はというと「普及」には程遠く、アジャイルの基本的なプラクティスを一応実践してはいるものの、より広範な組織レベルでの文化やプロセスに関しては手付かずのところが多い。たとえば何カ月もかけて予算編成や分析、必須要件の洗い出しを完了してからでなければ作業が始まらず、作業は大まかに分割するだけで、リリース頻度も低く、顧客フィードバックへの対応も後手に回っている、という大企業が少なくない。ところが、リーン製品開発とリーンスタートアップがそろって重視しているのは「製品のライフサイクルの最初期からユーザーリサーチを頻繁に行い、製品の設計とビジネスモデルを検証し続ける」というアプローチなのである。

　さて、Eric Riesの著書『The Lean Startup』[Ries 2011]により、不確実な状況で新たなビジネスモデルと製品アイデアを模索するための負担の軽い(ライトウェイト)アプローチに対する関心が急速に高まった。Riesが提唱した考え方は、リーン思考とデザイン思考、ならびに起業家Steve Blankの理論[Blank 2013]を統合したもので、製品開発に実験的なアプローチをとることを重視している。具体的には、「製品のライフサイクルの最初期からプロトタイプの構築と検証を続ける」「作業は細分化して進める」「製品とその基盤となるビジネスモデルを早期の段階から頻繁に展開し、進路変更も適宜行う」などが挙げられる。

　我々は、こうしたプラクティスが組織のパフォーマンスに直接影響を与えるか否かを調べたいと考え、生産性・市場占有率・収益性を尺度にして測定を行った。

8.1
リーン製品開発のプラクティス

　我々がリーン製品開発に関する調査で対象にしたケイパビリティ（機能、能力）は次の4つである（**図8.1**も参照）。

1. 1週間未満で製品と機能を完成して頻繁にリリースできるよう、関連作業を細分化して進める能力（実用最小限の製品［MVP: minimum viable product］の実践の度合いなど）
2. 開発の最初期から顧客関連業務に至る作業フロー全体に対するチームの理解度と、（製品や機能の状況も含めて）このフローの可視化の度合い
3. 組織が顧客フィードバックを積極的・定期的に収集し、それを製品デザインに盛り込む能力
4. 承認不要な開発プロセスの一部として、開発チームが有する、製品仕様の作成・変更権限

　こうしたケイパビリティに統計的に有意な効果があることは、すでに各種調査・分析で立証されている。その効果とは、ソフトウェアデリバリのパフォーマンスや組織のパフォーマンス、ならびに組織文化を向上させ、チームの燃え尽き症候群（バーンアウト）を軽減することである。また、我々の数年にわたる調査研究の結果から判明しているのは、ソフトウェアデリバリのパフォーマンスにより、リーン製品管理プラクティスの実践状況を予測できることである。複数の調査結果からは、この相補的な関係が好循環を生むことが読み取れる——つまり、ソフトウェアデリバリの効率を高めることで、作業を細分化して進める能力と、常に顧客フィードバックを盛り込む能力とが向上するのである。

> **リーン製品開発**
> 作業の細分化
> 管理の可視化
> 顧客フィードバックの収集と実装
> チームによる実験

図8.1　リーン製品開発の構成要素

作業の細分化

作業を細分化して進めるコツは、「ブランチを使って複雑な機能を開発し低頻度でリリースするのではなく、迅速な開発が可能な機能に分割する」というものである。これは機能レベルでも製品レベルでも応用できる。たとえば、MVP（実用最小限の製品）とは、製品自体とそのビジネスモデルの「検証による学び」が可能な規模の機能だけから成るプロトタイプのことであり、作業をこうしたMVPに細分化して進めることにより、リードタイムもフィードバックループも短縮できる。

ソフトウェア関連の組織にとっては、作業を細分化して進めてデリバリするケイパビリティ（機能、能力）が特に重要である。このケイパビリティを備えていれば、A/Bテストなどの技法を駆使してユーザーフィードバックをすばやく収集できるからである。ここで指摘しておくべきは「製品開発への実験的アプローチと、継続的デリバリに効果的な技術的プラクティスとの間に強い相関がある」という点である。

顧客フィードバックを収集する際に実践すべきプラクティスは「顧客満足度を定期的に測定する」「製品や機能の品質について顧客の意見を積極的に収集し、それを製品や機能のデザインに盛り込む」などである。このようにして顧客フィードバックに応じる権限を、チームが実際にどの程度有しているかも重要である。

8.2
チームによる実験

　アジャイル手法を採り入れていると称する組織に属するにもかかわらず、他チームから課された要件を満たさなければならないという開発チームは少なくない。こうした制約は深刻な問題を招き、それが元で、顧客を喜ばせ魅了できる製品が作れず、期待される事業上の成果を上げられない可能性がある。

　「開発プロセスで終始一貫して顧客フィードバックを収集する」というのはアジャイル開発の**キモ**の1つである。これを実践すれば、開発チームは重要な情報を入手し、それを開発プロセスの次の段階で活かすことができる。しかしチームが顧客フィードバックに応じて要件や仕様を変えようとする際に、チーム外の人や組織の承認を義務付けられていると、チームの革新力は大きく削がれる。

　我々の調査・分析でも「チームが開発プロセスにおいて、チーム外の人々の承認を得なくても新たなアイデアを試したり、仕様を作成・更新したりできる度合いは、(収益性・生産性・市場占有率を尺度に測定した)組織のパフォーマンスを予測する重要な要因となること」が立証されている。

　ただしこれは、開発者に気に入ったアイデアを何でも自由に使わせてよいという提言ではない。実験でしかるべき効果を上げるには、「作業を細分化して進める」「チームのメンバー全員が常にデリバリプロセスの作業フローを閲覧できる」「顧客フィードバックを製品デザインに盛り込む」といった他のケイパビリティと並行して実現するべきである。そうすれば、開発チームは設計・開発・デリバリ・変更に関して、フィードバックなどの確かな情報に基づいて考えを練り上げて決断を下せることに加えて、その決断を組織全体に首尾よく伝えることも可能である。これにより、開発チームが構築するアイデアや機能への顧客満足度

が高まり、組織にさらなる価値をもたらすはずである。

8.3
効果的な製品管理によるパフォーマンスの向上

　リーン製品管理に関わるケイパビリティの分析は、2016年から2017年まで2年間にわたって行った。このときのモデルでは「リーン製品管理のプラクティスは、ソフトウェアデリバリのパフォーマンスに好影響をもたらし、創造的な組織文化を促進し、燃え尽き症候群(バーンアウト)を軽減する」との結果が出た。

　翌年は逆に「ソフトウェアデリバリのパフォーマンスが、リーン製品開発のプラクティスの促進要因となること」を確認するための分析を行った。ソフトウェアデリバリのケイパビリティを高めると、作業の細分化と全工程を通してのユーザーリサーチの実施が促進され、より良い製品が生まれる。上記2つのモデルを組み合わせれば相補的な(「好循環」の)モデルが得られる。このモデルで「リーン製品管理のプラクティスが、(生産性・収益性・市場占有率を尺度に測定した)組織のパフォーマンスの予測要因となりうる点」も明らかにできた。こうした中で、ソフトウェアデリバリのパフォーマンス向上とリーン製品開発のプラクティスとの好循環が、ひいては組織の成果をも向上させる(**図8.2**)。

●第8章 製品開発のプラクティス

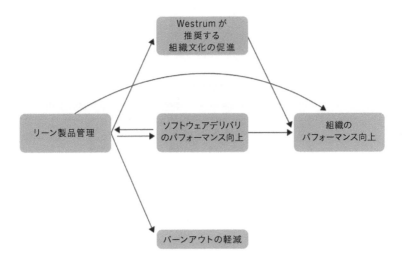

図8.2　リーン製品管理の効果

　ソフトウェア関連の組織で特に重要なのが、作業を細分化して進めてデリバリするためのケイパビリティである。このケイパビリティを備えていれば、チームはユーザーリサーチの成果を製品の開発とデリバリに盛り込めるからである。また、実験的なアプローチで製品開発を進める能力と、継続的デリバリに効果的な技術的プラクティスとの間には、強い相関関係がある。

❖ MEMO ❖

Chapter 9 Making Work Sustainable

第9章

作業を持続可能にする

デプロイ負荷と
バーンアウトの軽減

ソフトウェアデリバリのパフォーマンスを向上させたいからといって、チームメンバーの精神衛生も顧みずに作業を強制するのでは困る。そのため、我々はチームの燃え尽き症候群(バーンアウト)やデプロイ関連の負荷(ペイン)も調査の対象にした。IT業界ではこの2つがメンバーの病気や人員の欠落、生産性の激減を招く大問題となっているからである。

9.1
デプロイ関連の負荷

チームのソフトウェアデリバリのパフォーマンスについて多くを語ってくれるのが、エンジニアや技術スタッフがコードを本番環境にプッシュする際に抱く恐怖感や不安である。こうした感情や感覚を、我々は「デプロイ関連の負荷(ペイン)」と呼んでいる。これはソフトウェアの開発・テスト段階の作業と、ソフトウェアの運用・保守段階の作業との間に存在する摩擦や食い違いを浮き彫りにする重要な測定尺度である。これこそが開発側と運用側の接点であり、環境・プロセス・方法論・考え方においても、また職場や作業に関する用語においてさえも、最も差異の生じやすい局面なのである。

我々自身の現場での経験においても、ソフトウェアの構築とデプロイの担当者との長年にわたるやり取りにおいても、デプロイ関連の負荷の重要性と顕著さは常に浮き彫りになってきた。そのため我々は、デプロイ関連の負荷が測定可能かどうかを調べ、また(さらに重要なことだが)DevOpsのプラクティスによってその負荷に好影響を与えうるのかどうかを明らかにしたいと考えた。その結果は「コードのデプロイに関わる負荷が大きなチームは、ソフトウェアデリバリのパフォーマンスも組織のパフォーマンスも組織文化も最低レベルである」というものであった。

● 第9章 作業を持続可能にする

> **Microsoftで実感されている継続的デリバリの効果**
>
> 継続的デリバリの効果を実感しているチームの一例を挙げよう。Microsoftの技術チームである。Microsoftでシニアソフトウェア開発エンジニアリードとしてAzureチームを率い、クラウドコンピューティングやオープンソースに関わる業務を推進しているThiago Almeidaが、チームによるDevOpsのプラクティスの実践を促進しており、継続的デリバリの、顧客以外への効果についてこう語っている——「効果はどれも顧客に対して働くものと思うかもしれないが、実は社内でも…（働いている）」[※1]。以前は、「仕事とオフのバランスに対する満足度」がわずか38%であるとエンジニアが報告していた。しかし、Bingの担当チームが技術的プラクティスと継続的デリバリの原則を実践した後は、この満足度が75%に跳ね上がった。顕著な違いである。これはつまり「技術スタッフが、デプロイのプロセスを手動で行う必要がなくなって、専門的な技術作業を以前よりも勤務時間中にうまくこなせるようになり、仕事上のストレスを抑制できるようになった」ということである。

「デプロイ関連の負荷」から読み取れるものは、「ソフトウェアの開発とデリバリが持続可能ではないこと」であるが、それ以外にもう1つある。「開発チームやテストチームがデプロイの現況を把握できていないこと」である。チームのコードデプロイに対する可視性がゼロの場合——メンバーに「ソフトウェアデプロイの現況は？」と聞いて、「知りません…そんなこと考えたこともないです」といった答えが返ってくる場合——ソフトウェアデリバリのパフォーマンスが低下している恐れがある。開発者やテスト担当者がデプロイの現況を把握していないのは、おそらくその視覚を遮る「壁」が存在するからであり、そうした「壁」が好ましいものであるケースはめったにない。自分たちの仕事によって

※1 https://www.devopsdays.org/events/2016-london/program/thiago-almeida/

● 第1部　調査結果から見えてきたもの

もたらされる結果から開発者を切り離してしまう存在が、その壁だからである。

　開発者から、また特に運用担当者からも、我々のもとによく寄せられる質問が、「どうすればデプロイ関連の負荷を軽減し、技術スタッフの作業状況を改善できるのか」というものである。それに答えるため、2015年、2016年、2017年の本調査研究に「デプロイ関連の負荷」に関する質問を追加した。そして、ソフトウェアの開発とデリバリにおける我々自身の経験と、システム関連の作業担当者から聞いた話の両方に基づいて、コードをデプロイする際に関係者が抱く感情や感覚を把握するための尺度を編み出した。それは「デプロイに際して恐怖心を抱いたり、デプロイが通常の作業の妨げとなったりすることがあるか、それともデプロイは別に苦もなく容易にできるか」という、他の項目に関する質問に比べると単刀直入なものとなった。

　回答の分析結果は次のようなものであった——「カギとなる技術的ケイパビリティ（能力、機能）を向上させると、デプロイ関連の負荷を緩和できる。具体的には、『テストとデプロイの包括的自動化』『トランクベースの開発も含めた継続的インテグレーション』『情報セキュリティのシフトレフト（時間軸上の左への移動）』『テストデータの効果的管理』『疎結合のアーキテクチャ』『個々のスタッフが独立した形で作業を進められる環境』『本番環境を再現するのに必要なすべての要素のバージョンコントロールによる管理』といったことを実現すると、デプロイ関連の負荷が軽減する」。

　言い換えると、「迅速かつ安定的にソフトウェアをデリバリする能力に対して改善効果のある技術的プラクティスを実践すれば、コードを本番環境にプッシュする際のストレスや不安を軽減できる」ということである。各技術的プラクティスについては第4章と第5章で解説した。

　「デプロイ関連の負荷」と「カギとなる成果や結果」の間に強い相関があることは、統計分析でも裏付けられた。つまり、コードのデプロイ

における負荷が大きければ大きいほど、ITパフォーマンス、組織のパフォーマンス、組織文化のレベルが低いのである。

> **自チームのデプロイ関連の負荷は？**
>
> 　こうした文脈での自チームの現状を知りたければ、デプロイ関連の負荷がどの程度なのか、また、その負荷の元が具体的に何なのか、尋ねてみるとよい。
>
> 　その際、頭に入れておくべきは「デプロイを通常の勤務時間内にこなせない場合、それは対処しなければならない問題がアーキテクチャに存在することを示す兆候だ」という点である。(しかるべき投資が前提条件とはなるが)複雑で大規模な分散システムにおいても、完全自動のデプロイメントをダウンタイムゼロで実行できるようにすることは十分可能である。

　基本的にデプロイ関連の大半の問題は、複雑で不安定なデプロイのプロセスに起因する。典型的な要因は3つある。その第1の要因は「そもそもソフトウェアを作る段階でデプロイの容易性を念頭に置いていなかった」という、よく見られるものである。これによって生じがちなのが「そのソフトウェアが環境との厳密な依存関係を必要とし、その要件からのいかなる逸脱も許容しないため、管理者はどこがどうおかしいのか、なぜ正しく作動しないのかについて、有益な情報をほとんど得られず、複雑かつ組織的なデプロイを余儀なくされる」という状況である(このようなソフトウェアの特徴からは「分散システムの設計の不備」も読み取れる)。

　第2の典型的要因は「手作業による本番環境への変更・追加がデプロイプロセスの一部となっている」というもので、この場合にはデプロイの失敗率がかなり高まる。手作業で変更を追加する場合、タイピングやコピー／ペーストにおけるミス、(更新不足も含めて)不備の多いドキュメンテーションに起因する失策が生じやすい。また、コンフィギュレーションを手作業で管理していると、往々にしてさまざまな環境の同

●第1部　調査結果から見えてきたもの

期が失われる（「コンフィギュレーション・ドリフト」と呼ばれる現象が発生する）ため、運用担当者はデバッグの際にコンフィギュレーションの差異を把握しなければならず、デプロイに要する作業がかなり増え、さらなる手作業での変更が必要になり、ますます問題を増大させる恐れがある。

　第3の要因は「デプロイが複雑なため、チーム間の作業の引き継ぎが多くなる」というもので、これが特に顕著なのは、データベース、ネットワーク、システム、情報セキュリティ、テスト／QA、開発を、それぞれ別個のチームが担当している縦割り組織である。

　デプロイ関連の負荷を軽減するには、次のような措置を要する。

- 複数の環境に容易にシステムをデプロイでき、その各環境における不具合を探知・許容でき、システムの各種コンポーネントをそれぞれ独立した形で更新できるよう設計する
- 本番システムの状態は、バージョンコントロールの情報に基づき、自動化された方法で再現できるようにする（ただし本番データは除く）
- アプリケーションとプラットフォームをより賢いものにし、デプロイプロセスを極力簡素化する

　Heroku、Pivotal Cloud Foundry、Red Hat OpenShift、Google Cloud Platform、Amazon Web Services、Microsoft AzureなどのPaaS（Platform as a Service）を使えば、コマンド1つでのデプロイが可能である[※2]。

　以上、デプロイ関連の負荷とその対処法を紹介した。続いて、デプロイ関連の負荷を放置すると発生する恐れのあるバーンアウトについて解説する。

※2　こうしたプロセスを実現するアーキテクチャのパターンセットの一例がhttps://12factor.net/にある。

9.2
バーンアウト

　バーンアウトとは主として過労やストレスによる心身や感情面での極度の疲労を指すが、そうした「疲労困憊」にとどまらず、生きがいの源であったはずの仕事や日々の暮らしが単調で取るに足りないものに思えてきたり、無力感に襲われたりすることもある。そしてその背景にありがちなのが、不健全な組織文化や無駄の多い非生産的な作業である。

　バーンアウトの悪影響は、個人・チーム・組織のいずれにとっても甚大である。「ストレスの多い仕事」の身体的悪影響のレベルは受動喫煙や肥満の場合と同等だという調査研究の結果もある［Goh et al. 2015］［Chandola et al. 2006］。バーンアウトの症状は、疲労困憊、冷笑癖、無力感、仕事での達成感の減退などで、仕事に対するこうしたネガティブな感情は私生活にまで悪影響を及ぼす。極端な場合、家庭の問題やうつ病、さらには自殺さえ招きかねない。

　仕事上のストレスの悪影響は雇用側にも及ぶ。病欠、長期就業不能、高離職率による損害は米国全体で年間3,000億ドル、との調査結果が出ているのである［Maslach 2014］。雇用側は組織の構成員がバーンアウトに陥らないよう雇用者としての義務を果たさなければならない。

　バーンアウトは予防と緩和が可能で、DevOpsの手法が効果的である。つまり、組織側は構成員に自分の仕事が組織全体の戦略的目標にどう貢献するのかを理解させるなど、有意義な仕事を提供する努力を怠らず、構成員の福利を助長するよう職場環境を整えることで、バーンアウトを招く状況を改善できるのである。

　進行が速く、重大な被害を引き起こす恐れのある作業にはありがちなことだが、IT関連の分野でも作業担当者のバーンアウトが悩みの種となっている。そして（これは他の分野の管理者にもよくあることだが）技術系管理者も善意をもって担当者の指導に努めるものの、作業環境に

はまるで配慮しようとしないケースがある。長期的な成功を手にするためには作業環境の改善のほうがはるかに重要であるにもかかわらず、そういうことになってしまう。管理者が作業担当者のバーンアウトを予防するために注力するべきなのは次の各点である。

- 非難や責任追及ではなく「失敗からの学び」を重視し、しかるべき敬意をもって担当者を支援する作業環境を作る
- 明確な目的意識を伝える
- 作業担当者の能力開発に投資する
- 目的達成を妨げている要因や問題を作業担当者から聞き出し、それを是正する
- 作業担当者に実験や学習のための時間、スペース、資源(リソース)を提供する

最後にもう1点、大事なことがある。担当者には、自身の作業や地位を左右する意思決定を自ら下す権限を与えなければならない。中でも担当者が作業の結果に対する責任を負っている領域では、特にその必要がある。

9.2.1
バーンアウトを招きがちな「よくある問題」

カリフォルニア大学バークレー校の社会心理学の教授Christina Maslachは、職業性のバーンアウトに関する調査研究の草分けであり、バーンアウトの予測に効果的な、組織の危険因子を6つ特定している[Leiter and Maslach 2008][※3]。

1. 過重労働 —— 作業量が人間のこなせる限度を超える

※3 バーンアウトのモデルはこれ以外にも複数、科学文献で提唱されており、その顕著な一例がスウェーデンのカロリンスカ研究所の臨床科学研究部門で主任教授を務めるMarie Åsbergのものだが、本調査研究ではChristina Maslachのモデルを用いた。

2. **自律性の欠如**──自身の仕事を左右する意思決定であるにもかかわらず、それに対する発言権がない
3. **不十分な報奨**──経済的、組織的、社会的な見返りが十分でない
4. **人間関係の断絶**──精神的な支えが得られない職場環境
5. **公平性の欠如**──意思決定のプロセスが公平性に欠ける
6. **価値観のズレ**──担当者個人の価値観が組織のそれと一致しない

　Maslachによると、作業環境を顧みずに担当者の是正を試みる組織が大半だそうである。しかし環境を是正したほうがはるかに成功率が高いことは、Maslachの調査研究で立証されている。上に挙げた6つの危険因子について、状況を改善する権限はいずれも経営陣や組織が握っている。そのため、DevOpsの実践で指導者や経営陣が果たす役割とその影響の重要性を解説した第11章も参照されたい。

　本調査研究では、バーンアウト（の兆候）を示す次のような症状の有無や程度を尋ねた。

- **疲労困憊**──バーンアウトがどのような感覚なのかは多くの人が知っている。バーンアウトでは疲労困憊するケースが多い
- **仕事に対する無関心、冷笑癖、無力感**──バーンアウトの典型的な症状が無関心や冷笑癖であり、「自分はもはや役に立たなくなってしまった」という感覚である
- **私生活へのマイナスの影響**──仕事が私生活にまでマイナスの影響を及ぼし始めたときがバーンアウトの始まりとなるケースは多い

　本調査研究では、「技術的プラクティス（たとえば継続的デリバリを促進する技術的プラクティス）と、リーン思考のプラクティス（リーンマネジメントやリーン製品管理のプラクティス）の実践を促進すると、バーンアウトの症状が緩和する」ことが明らかになった。

9.2.2
バーンアウトの対処法

　本調査研究では、重症のバーンアウトと強い相関関係にある組織的要因が浮き彫りになった。これはバーンアウトへの対処法を考えるヒントとなる。相関が特に強かったものを5つ紹介しておこう。

- **組織文化**——権力志向の不健全な文化がはびこる組織では、構成員が重症のバーンアウトに陥る傾向が強い。敬意をもって構成員を支えられる組織文化を育む責任は、最終的には管理者にあり、そうした文化を実現するには、非難や責任追及とは無縁の職場環境を育み、失敗からの学びを積極的に奨励し、組織の目標を周知徹底する必要がある。また、他の要因にも目を光らせ、「人的ミスがシステムの不具合の根本原因となることは決してない」という点を肝に銘じるべきである

- **デプロイ関連の負荷**——デプロイが複雑で負荷を伴い、正規の就業時間内では終えられない場合、作業担当者はストレスが高じて「自律性の欠如」の感覚を抱く傾向にある[※4]。だがデプロイは適切なプラクティスを導入すれば、負荷を伴う作業ではなくなるはずである。経営陣も含めて管理者はチームにデプロイ関連の負荷の程度を尋ね、はなはだしい負荷を伴う作業は改善する必要がある

- **指導者の影響力**——チームリーダーの負うべき責任の1つが「進行中の作業の量や規模を制限し、障害物を排除することによって作業の完遂を図る」というものである。当然ながら、本調査研究でも「リーダーが適切な影響力を行使できるチームはバーンアウトのレベルが低い」との結果が出ている

- **DevOps導入に向けての組織レベルでの投資**——チームのスキルとケイパビリティの開発に投資を怠らない組織は、より良い成果を上げている。チームメンバーのトレーニングに投資して、新たなスキルの習得に必要な支援および（時間も含めた）資源（リソース）を提供することこそが、DevOpsの導入を成功させる上で不可欠である

※4　デプロイ後の負荷にも十分配慮しなければならない。システムに不具合が多く、担当者がたびたび勤務時間外の緊急呼び出し（オンコール）を受けるというのは混乱を招く不健全な状況である。

● 第9章　作業を持続可能にする

- **組織のパフォーマンス**——本調査研究では「リーンマネジメントと継続的デリバリのプラクティスにはソフトウェアデリバリのパフォーマンスを改善する効果があり、ソフトウェアデリバリのパフォーマンスが改善すれば組織のパフォーマンスも向上する」という結果が出ている。リーンマネジメントの**キモ**の1つが「作業担当者に対して、自身の作業を改善するための（時間も含めた）リソースを提供する」というものである。これはつまり、実験や失敗、学習を奨励する作業環境を育むことにほかならず、これによって担当者は自身の仕事を左右する意思決定を自ら下せるようになる。また、これにより、担当者が**就業時間内**に付加価値のある斬新かつ創造的な仕事をこなす余裕も生まれ、「この種の作業は勤務時間外に担当者が行うことを期待するのみ」といった事態に終止符を打てる。その好例がGoogleの「従業員の20%タイム」やIBMの「THINK Fridayプログラム」である。前者は従業員が自分の好きなプロジェクトに対して週の勤務時間の20％を使える制度であり、後者は金曜の午後にはミーティングやメールなどによる割り込みを一切禁じ、それによって生じた時間に通常のスケジュールでは不可能な、斬新かつ有望なアイデアの練り上げを行うよう奨励する制度である

ここで指摘しておくべきは「価値観の一致の重要性」と「バーンアウト対策で価値観の一致が果たす役割」である。組織の価値観と担当者個人の価値観にズレがあると、担当者がバーンアウトに陥る可能性が高まる。これが特に当てはまるのがリスクも負担も大きなIT関連分野の職務であり、現実にも頻繁に発生して悲惨な影響を広範囲に及ぼしている。

我々の考えでは、これとは逆の状況のほうが前途が明るく、しかも実現の可能性も高い。つまり、組織の価値観と個人のそれが一致すれば、バーンアウトの影響を軽減可能なだけでなく、解消さえできる。一例を挙げよう。ある担当者は環境保護を大変重視しているが、組織の側では近くの川に工場廃水を垂れ流し、摘発を恐れて政府へのロビー活動に資金を投じているとする。この担当者は自分の組織が

●第1部　調査結果から見えてきたもの

環境負荷低減(グリーンイニシアティブ)の取り組みに積極的に貢献するようになれば、はるかに幸福になるはずである。これは組織が、自身に危険が及ぶ恐れがあるにもかかわらず、あえて目を背けているケースであり、組織と構成員個人の価値観を一致させれば構成員のバーンアウトを緩和できる。この文脈で構成員の満足度・生産性・人材維持率への効果を想像してみてほしい。組織にとっても社会にとっても、潜在価値は驚くほど大きい。

ただし注意点がある。それは「ここで言う組織の価値観とは、構成員が日々実感し、体現するよう求められている価値観のほうだ」という点である。構成員の実感する組織の価値観が、公式に発表されているもの——明文化した社是や経営理念(ミッションステートメント)——と異なる場合、表向きのものではなく「本音」の価値観に目を向けなければならない。組織の価値観と構成員のそれとの間にズレがある場合も、組織の表向きの価値観と「本音」のそれとの間にズレがある場合も、バーンアウトが発生する恐れがある。価値観の一致は構成員の生きがいにつながるのである。

以上を要約しておこう。「技術的プラクティスとリーンマネジメントのプラクティスには、バーンアウトとデプロイ関連の負荷を軽減する効果があること」が本調査研究で立証された。これを図示したのが**図9.1**である。この結果は技術系の組織にとってはきわめて重要なことを示唆している。つまり、テクノロジーへの投資には、ソフトウェアの開発とデリバリのプロセスを改善する効果があるだけでなく、専門職の職場生活の質を高める効果もあるのだ。

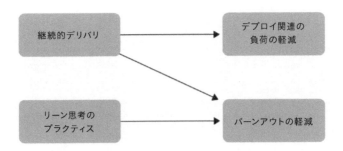

図9.1 技術的プラクティスとリーン思考の
プラクティスが構成員の職場生活にもたらす効果

　本章では、組織文化の主要な構成要素となりうるものについて、その改善方法と測定方法とを議論した。次章では、構成員のアイデンティティと満足度について、またそれらがテクノロジーの変革において意味するものを解説する。

❖ MEMO ❖

Chapter 10 Employee Satisfaction, Identity, and Engagement

第 10 章

従業員の満足度、アイデンティティ、コミットメント

● 第 1 部　調査結果から見えてきたもの

　どんな技術変革であっても、その核心には人がいる。かつてない速度で新しい技術や新しい問題解決策を要求する市場圧力を受けて、従業員の雇用・維持・組織に対する思い入れ（エンゲージメント）の重要性もかつてなく高まっている。優れた管理者ならこうした動向を抜かりなく把握しているはずだが、特に技術変革という文脈におけるこの種の成果(アウトカム)や副作用の測定法や影響要因に関する情報は依然として十分とは言えない。

　我々は、DevOps導入に際して影響を受ける人々を調査研究の対象に加え、そうした人々の作業状況を改善しうるのは何か、改善によって組織にも影響が及ぶのか否かを見極めたいと考えた。そして得られた結果は「従業員のエンゲージメントと満足度は、従業員の忠誠心(ロイヤルティ)と帰属意識(アイデンティティ)を測る尺度となりうる上に、燃え尽き症候群(バーンアウト)を軽減する効果があり、さらには収益性・生産性・市場占有率といった組織の重要な成果指標の底上げ要因ともなりうる」というものであった。本章では、その経緯を詳しく解説するほか、経営陣・管理者・現場関係者に活用してもらえるように、従業員関連のこうした重要な要因を測定する方法も紹介する。

　具体的には、従業員の推奨者正味比率（eNPS：employee Net Promoter Score）とアイデンティティとによって測定する従業員のロイヤルティと職務満足度、さらに多様性について解説する。

10.1
従業員ロイヤルティ

　我々は「技術変革とDevOps」の文脈で従業員エンゲージメントを把握するため、顧客ロイヤルティの調査で広く活用されている指標「推奨者正味比率(ネットプロモータースコア)（NPS：Net Promoter Score）」を下敷きにして「従業員ネットプロモータースコア（eNPS：employee Net Promoter

Score)」を編み出した。

このeNPSによる測定で高得点を取った組織は、従業員ロイヤルティでも好成績を出す。我々の調査研究の結果は「ハイパフォーマンスな組織の従業員は自分の組織を『すばらしい職場』として推奨する確率が他のパフォーマンスカテゴリーの2.2倍になる」というものであった。他の研究でも、従業員ロイヤルティと事業上のアウトカムとの間に強い相関があることが証明されている［Azzarello et al. 2012］。

10.1.1
NPSの測定方法

一般的に使われるNPSの測定に使う質問は1つだけで、「あなたが自分たちの会社・製品・サービスを友人や同僚に推奨する可能性はどの程度ですか」というものである。

回答は0～10の11段階から1つを選んでもらい、結果は以下のように分類する。

- 9もしくは10を選んだ回答者は「推奨者」と見なす。推奨者は再購入率が高く、獲得・維持コストが低く、継続利用意向が強く、肯定的な口コミを発信してくれるため、企業（組織）にもたらす価値が他のカテゴリーよりも大きい。
- 7もしくは8を選んだ回答者は「中立者」と見なす。中立者はとりあえず満足してはいるが、「推奨者」ほど熱心な顧客ではない。人に推奨する率は「推奨者」より低く、競合他社の類似商品に好みのものがあれば乗り換える確率が「推奨者」より高い。
- 0から6までの選択肢を選んだ回答者は「批判者」と見なす。獲得・維持コストも離脱率も高く、否定的な口コミで事業に損害を与える可能性がある。

我々の研究でeNPSの測定に使った質問は次の2つである。

● 第1部　調査結果から見えてきたもの

1. あなたの組織は「友人や同僚に薦めたい職場」ですか。
2. あなたのチームは「友人や同僚に薦めたい職場」ですか。

　回答を分析し、ハイパフォーマー群とローパフォーマー群の「推奨者（9もしくは10を選んだ回答者）」の割合を比較したところ、質問1.の「組織」に関してはハイパフォーマー群はローパフォーマー群の2.2倍、質問2.の「チーム」に関しては1.8倍、との結果が出た。

　これは重要な意味をもつ結果だ。というのは、他の調査研究では「従業員エンゲージメントが高い企業の増収率は低い企業の場合の2.5倍、職場における信頼度が高い上場企業の株式の1997年から2011年までの上昇率は、市場全体の指数の上昇率の3倍」［Azzarello et al. 2012］との結果が出ているのだ。

　つまり従業員エンゲージメントは、単なる「従業員の幸福度を測る尺度」にとどまらず、事業上の業績の向上要因でもある、というわけだ。我々の調査研究では、eNPSと次の3つの構成概念との間に強い相関が認められた。

- 組織が顧客のフィードバックを収集し、それを製品や機能のデザインに活かしている度合い
- 製品や機能の開発から顧客対応に至るまでの全工程の業務フローを可視化して把握するチームの能力
- 組織の価値観と目標に対する従業員の共感度と、組織の成功に向けての従業員の貢献意欲の度合い

　すでに第8章で実証したように、「自分の仕事は顧客にプラスの影響を与える」と従業員が実感している場合、企業の目標に対する共感度も高く、これがソフトウェアデリバリと組織全体のパフォーマンスを押し上げるのである。

> **NPSとeNPS**
>
> 尺度としてはあまりにも単純、との見方もあるかもしれないが、「多くの業界で、NPSと企業成長との間に相関関係が認められる」という研究結果がある［Reichheld 2003］。NPSは顧客ロイヤルティを測定するための尺度だが、我々は、この尺度を下敷きにして編み出したeNPSを、従業員ロイヤルティの測定尺度として使うことにした。
>
> 従業員のロイヤルティと勤務成績の間には関連性がある。忠誠心の強い従業員は、組織や製品／サービスに対する思い入れが強く、仕事で最善を尽くし、より良い顧客体験を実現するためには人一倍の努力も厭わない。そしてこれが組織のパフォーマンスを押し上げる。
>
> eNPSの算出方法は「『推奨者』の割合から『批判者』のそれを差し引く」というものである。たとえば従業員の40％が「批判者」、20％が「推奨者」なら、eNPSは－20％である。

10.2
組織文化と帰属意識の改善

　人材は組織にとって最大の資産であるにもかかわらず、まるで使い捨ての資源のように扱われるケースが少なくない。首脳陣がしかるべき人材投資を行い、従業員が最善を尽くせるよう計らえば、組織に対する従業員の帰属意識が強まり、組織の成長への一層の貢献努力を自然な形で引き出せる。そしてそれが組織のパフォーマンスと生産性の向上につながり、ひいては事業上のより良い結果につながる。我々のこうした調査研究の結果を図示したものが**図10.1**である。

●第1部　調査結果から見えてきたもの

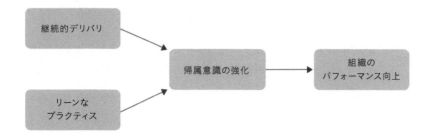

図10.1　技術的プラクティスとリーンマネジメントのプラクティスが
構成員の帰属意識にもたらす効果

　効果的な管理プラクティスは継続的デリバリなどの技術的な手法と併用すると、組織のパフォーマンスだけでなく、文化にも測定可能な好影響を及ぼす。我々は調査研究を続ける中で、新たな測定対象領域を追加した。「構成員の自組織に対する帰属意識の強さ」である。具体的には、次の各文（[Kankanhalli et al. 2005]から採用）に、どの程度賛同できるかを尋ねた。

- 他ならぬ今の組織を職場として選んだことを嬉しく思っている
- 自分の組織は職場としては最高だと友人に話している
- 自組織の成功のためには、期待される以上の貢献努力を惜しまないつもりだ
- 自分の価値観は組織の価値観にとても近い
- 自分の組織の構成員は総じて同じ1つの目標を見据えて作業を進めている
- 組織は私のことを気に掛けてくれている

　以上の各文にどの程度賛同できるかを、リッカート尺度の1項目を選ぶ形で回答してもらった。いずれも構成概念（この場合は「帰属意識」）を測定するための統計的条件をすべて満たしているため、たとえばメンバーの自チームに対するアイデンティティを測定するのであれば、上記

● 第10章　従業員の満足度、アイデンティティ、コミットメント

6項目に対する回答の得点を合計し、その平均を算出すると、それが個人のアイデンティティの強さになる（計量心理学と潜在的構成概念の詳細は第13章を参照）。

　我々が上記の質問を追加する際に立てた仮説は「継続的デリバリのプラクティスを実践し、製品開発で実験的なアプローチを採っているチームは、より良い製品を開発・構築でき、組織の他部門との間により強い絆(きずな)を感じており、これが好循環を生んでいる —— つまり、ソフトウェアデリバリのパフォーマンスを向上させることで、アイデア検証の速度も職務満足度も組織のパフォーマンスも向上する」というものであった。

　もう1つ、キーポイントがあった。それは「個人の価値観とチーム・組織の目標との一致度も帰属意識(アイデンティティ)の決定要因の1つ」という点である。前章（第9章）で述べたように、個人と組織の価値観の不一致はバーンアウトの重大な要因の1つであり、このことが示唆するのは「個人と組織の価値観の一致度を上げればアイデンティティを強化でき、バーンアウトを緩和できる」という点である。そのため、アイデンティティの強化に効果的な、継続的デリバリのプラクティスとリーンマネジメントのプラクティスを実践させるための投資を怠らなければ、バーンアウトをかなり軽減できるはずである。ここでも好循環が生まれる —— 顧客と組織全体の双方に価値をもたらす上で、従業員の作業環境の改善を促進する効果のあるテクノロジーとプロセスへの投資が欠かせない事業において、価値を創出する好循環が生まれるのである。

　しかし現実はというと、旧態依然のアプローチしか取れていない組織がまだまだ多い。上意下達で要件や課題を伝えられた開発チームが、作業の山を少しずつ切り崩していくのである。こんなモデルでは、従業員は、自分たちが構築する製品に対しても、顧客関連のアウトカムに対しても、ほとんど主導権を握れていないと感じ、組織への帰属感も大して生まれない。これではチームのやる気が大幅に削がれ、作業に対する

●第1部　調査結果から見えてきたもの

思い入れも湧かず、組織全体のアウトカムも下降線をたどるのが落ちである。

　我々の調査研究でも、「組織に対する従業員の帰属意識の強さは、(生産性・市場占有率・収益性で測定した)パフォーマンス志向で創造的な組織文化の浸透度と組織全体のパフォーマンスのレベルの予測要因となりうる」との結果が出ている。我々にとっては驚くに当たらない結果である。人材が企業にとって最大の資産であるなら(現にそう宣言する企業リーダーは多いが)従業員の帰属意識の強さは競争上の優位性となるはずだからである。

　Netflixの独創的なクラウドアーキテクトAdrian Cockcroftは、フォーチュン500にランク入りしたある企業の最高幹部から「すばらしい人材を一体どこで見つけてくるんですか」と訊かれ、(私信で)こう答えたという――「貴社からヘッドハントしてきたんです！」。我々の分析でも明白な結果が出ている。つまり、変化と競争の激しい現代の世界で製品・組織・従業員のためにできる最善のことは「実験と学習を重んじる組織文化を育み、そうした文化を実現する効果の高い技術・管理系ケイパビリティの強化に投資すること」という結果である。第3章でも実証したように、人材の雇用と維持に威力を発揮するのが健全な組織文化であり、革新力に富む最優良組織はそのための資本投下を実践しているのである。

● 第 10 章　従業員の満足度、アイデンティティ、コミットメント

10.3
組織のパフォーマンスに対する職務満足度の影響

　前述のソフトウェアデリバリのパフォーマンスをめぐる好循環は、この文脈でも働いている。つまり、「首脳陣から支援されている」「作業に必要なツールなどの資源を十分提供されている」「自分たちの判断が尊重されている」と感じている従業員は、より良い仕事をし、従業員がより良い仕事をすればソフトウェアデリバリのパフォーマンスが向上し、ひいては組織全体のパフォーマンスが向上する、という好循環である。これを図示したものが図10.2である。

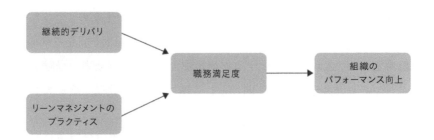

　図10.2　技術的プラクティスとリーンマネジメントのプラクティスが職務満足度にもたらす効果

　継続的な改善と学習が生むこの好循環こそが、成功組織の差別化要因にほかならない。革新を重ね、競争を勝ち抜き、勝利を手にすることを可能にする要因である。

10.3.1
DevOpsが職務満足度を高める仕組み

　DevOpsではまず何よりも「文化」を重視するが、「職務満足度は、作業を進めるのに必要なツールなどの資源(リソース)を入手できるか否かに大きく依存する」という点にも注目するべきである。さらに言えば、本調査研究では、職務満足度の測定で「今の仕事に満足しているか」「作業を進め

●第1部　調査結果から見えてきたもの

るのに必要なツールなどのリソースを提供されているか」「今の仕事で自分のスキルや能力を十分活かせているか」といった事柄を、見落とせない要件として重視している。このすべてを満たせれば、職務満足度を非常に効果的なレベルにまで高められるからである。

　ツールはDevOpsのプラクティスの重要な構成要素であり、その多くは自動化を可能にするものである。また、本調査研究でDevOpsの効果的な技術的プラクティスが職務満足度の予測要因となりうることが判明している。自動化は重要である。自動化を実現すれば、コンピュータに、コンピュータが得意とする作業（何も考えなくてもこなせる、いや、むしろあまり考えないほうがうまくこなせる、決まりきった作業）を任せられるからである。こうした作業が人間は非常に苦手なので、これをコンピュータに任せられれば、人間はエビデンスの検討、問題の熟考、意思決定など、人間が得意とする作業に注力できる。判断力や経験をやりがいのある難問解決に振り向けられる環境には、職務満足度を大きく向上させる力がある。

　以上をまとめよう。職務満足度と高い相関を示す測定対象項目を比較検討すると、ある状況が見えてくる。プロアクティブ（予防的）なモニタリングや、テストやデプロイの自動化といったプラクティスにより、単調作業が自動化され、人間に求められるのはフィードバックループに基づく意思決定、という状況である。人間はタスクの管理から開放され、自身のスキル・経験・判断力を生かして意思決定を下すようになるわけである。

10.4
IT業界における多様性
——本調査研究で浮き彫りになった現実

　多様性は重要である。各種の調査研究で「マイノリティ（性的少数者や少数人種）の割合が多い、多様性豊かなチームのほうが、チーム全体としての知力が高く［Rock and Grant 2016］、チームのパフォーマンスにも優れ［Deloitte 2013］、事業業績も高レベルである［Hunt et al. 2015］」との結果が出ている。しかし、我々の調査研究でこれまでに対象となってきたチームのうち、このような点において多様性が豊かだと言えるチームはほとんどない。ハイパフォーマンスなチームを育成したければ、マイノリティの人材をより多く雇用・維持する努力を重ね、さらに障害者など他の領域での多様性の向上にも取り組むべきである。

　また、多様性をアップするだけでは不十分である点にも注目する必要がある。チームも組織も、多様なだけでなく開放的でもなければならない。開放的な組織とは「**すべての構成員が、自分は人格と技能の両面で歓迎され価値を認められていると実感でき、あらゆる関係者（ステークホルダー）が強い帰属意識をもち、共通目標の達成をしっかり意識している**」組織を指す［Smith and Lindsay 2014, p.1］。開放性は多様性を根付かせる上で必須の要素なのである。

10.4.1
DevOpsにおける女性

　我々の調査で性別に関する質問を始めたのは2015年のことであり、これがソーシャルメディアでIT業界の女性関連トピックをめぐる激論を巻き起こした。DevOpsコミュニティからは男女を問わず心からの支持が寄せられる一方で、「なぜIT業界で性別の多様性が重要なのか」といった疑問の声も聞かれた。我々の調査研究で自身が女性であると答えた回答者の割合は、2015年は全体の5％、2016年は6％、2017年は6.5％

●第1部 調査結果から見えてきたもの

であり、いずれも我々の予想をはるかに下回る数字であった。というのは、他の調査研究で「システム管理部門で女性が占める割合は、2008年には13％［SAGE 2008］であったが、2011年には約7％に減少［SAGE 2012］」「コンピュータ・情報管理部門で女性が占める割合は27％［Diaz and King 2013］」といった結果が出ていたからで、我々は技術チームで働く女性の割合として、もっとましな数字を期待していたのである。

結果は次のとおりであった。

- 33％が「私のチームには女性がいません」を選択
- 56％が「私のチームの女性の割合は10％未満です」を選択
- 81％が「私のチームの女性の割合は25％未満です」を選択

性別関連の質問を追加した当初は、既存の調査結果との比較を見越して「男性／女性」の二択にしたが、今後は「第3の性(自身の性を男女どちらかに限定しないケース)」も対象にしていきたい。ただし2017年度の我々の調査における性別関連の基本的統計データは次のとおりである(図10.3を参照)。

- 男性91％
- 女性6％
- ノンバイナリージェンダーなど3％

◉第 10 章　従業員の満足度、アイデンティティ、コミットメント

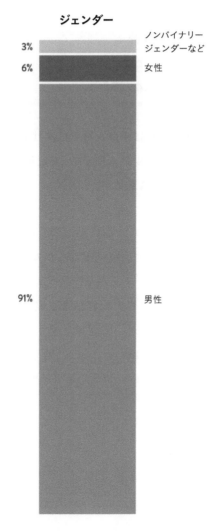

図10.3　2017年度の本調査研究におけるジェンダーの内訳

10.4.2
DevOpsにおける少数人種

本調査研究では「あなたは少数人種ですか」という質問も設け、次のような結果を得た（図10.4を参照）。

- 77%が「いいえ、私は少数人種ではありません」を選択
- 12%が「はい、私は少数人種です」を選択
- 11%が「無回答／該当せず」を選択

全世界から回答を募っている我々の調査では、回答者によっては国籍の人種に関する回答の選択肢が限定されてしまうことになる。たとえばアメリカ合衆国では「アフリカ系アメリカ人」「ヒスパニック」「太平洋諸島の住民」など、社会的少数者（マイノリティグループ）が複数規定されているが、これは他の国々には存在せず、したがって意味を成さない。

障害者はいまだ対象にしていないが、今後はこの領域も対象にしていきたい。

◉第 10 章　従業員の満足度、アイデンティティ、コミットメント

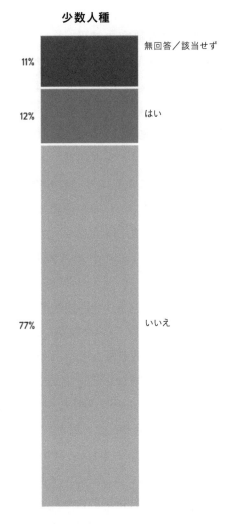

図10.4　2017年度の本調査研究における少数人種の内訳

● 第 1 部　調査結果から見えてきたもの

10.4.3
多様性に関する他の調査研究の結果

　多様性に関する調査研究の大半が「バイナリージェンダー（男女二択）」のスタンスを取っているため、ここではその種の調査研究を取り上げ、最新の調査研究でどのような結果が出ているのかを見ていく。数多くの調査研究で、企業業績［McGregor 2014］や株価［Covert July 2014］の上昇、ヘッジファンドの運用益［Covert January 2014］の増加と、女性が指導的立場にあることとの相関が判明している。また、Anita WoolleyとThomas W. Maloneの研究では集団知能を測定したが、女性の多いチームの知能が集団知能スケールで平均値を上回る傾向が明らかになった［Woolley and Malone 2011］。以上のように女性の存在が明らかに利点となることが続々と立証されているにもかかわらず、技術系組織における女性の採用は一向に進んでいない。

　さらに、STEM（科学・技術・工学・数学）分野における男女の能力や才能に有意差はないとの調査結果もある［Leslie et al. 2015］。にもかかわらず、女性や少数人種の技術部門への進出がなかなか実現しないのはなぜなのか[※1]。それはおそらく「男性の中には、生まれつき理系の才能に恵まれ、したがって技術職向きの者がいる」という見方がいまだにはびこっているからにすぎない［Leslie et al. 2015］。

　こうした見方は組織文化にも浸透し、女性が定着しにくい環境を生んでいる［Snyder 2014］。技術部門における女性の離職率は男性の場合よりも45％高く［Quora 2017］、少数人種の場合も同様であろうと思われる。現に女性からも少数人種からも、嫌がらせ(ハラスメント)や自覚なき差別(マイクロアグレッション)（社会的に非主流とされる人々を無意識に差別する言動）、賃金不平等が報告されている（［Mundy 2017］など）。いずれも首脳陣や現場関係者が油断なく目を光らせ、発見し次第、改善すべき事柄である。

※1　［Leslie et al. 2015］が対象にしたのは女性とアフリカ系アメリカ人だけだが、この結果は他の少数人種のケースにも当てはまると思われる。

10.4.4
参考資料

　性別と人種、両面での多様性を重視し、開放的な環境作りを推進すること——これを実現できるか否かは我々次第である。チームにとっても組織にとっても有益なことである。実践に役立つ情報源を3つ紹介しておこう。

1. **グレース・ホッパー記念会議**——IT分野の女性を対象とする国際カンファレンス。女性の科学技術分野への進出を促進してきた「アニタ・ボルグ 女性と技術研究所」が主催する。参加者の大半が女性という技術系カンファレンスは、それなりの課題が皆無とは言い切れないものの、多くの女性にとっては自信と勇気をもらえる経験である。2017年だけでも女性出席者の数は18,000人を超えた[2]。
2. **Geek Feminism Wiki**——「ギークコミュニティ」におけるフェミニズムの動向を詳細に伝えるオンライン情報源[3]。
3. **Project Include**——性的・人種的多様性をめぐる問題の解決を目指す同名の非営利組織が運営する有益なオンライン情報源[4]。

---

[2] https://anitab.org/

[3] http://geekfeminism.wikia.com/wiki/Geek_Feminism_Wiki

[4] http://projectinclude.org/

❖ MEMO ❖

Chapter 11 Leaders and Managers

第11章

変革型リーダーシップと マネジメントの役割

●第1部　調査結果から見えてきたもの

　我々が調査研究の対象としてきたのは、さまざまな技術的プラクティスやリーンマネジメントの手法が、ソフトウェアデリバリのパフォーマンスやチーム文化に与える影響であった。しかし、リーダーシップがDevOpsの実践に直接与える影響については、当初は研究の対象外であった。

　本章では、テクノロジーを変革する上でリーダーや管理者が果たす役割について調査研究した結果を示すとともに、チーム文化の改善のためにリーダーがどのような手段をとりうるのかを概説する。

11.1 変革型リーダーシップ

　読者はテクノロジーに関するリーダーシップの重要性がわかっているだろうか。ガートナーの調査結果によれば、2020年までに、チームのケイパビリティを変革していないCIO（Chief Information Officer：最高情報責任者）の半数は、デジタル戦略に基づいたリーダーシップが確立されたチームから外されることになる。

　その理由は、リーダーシップが業績に多大な影響を及ぼすからである。組織図に記載された直属の部下がいるだけで「リーダー」にはなれない。リーダーシップを執るには部下を鼓舞しヤル気にさせることが必要である。優れたリーダーは、コードの生成、優れたシステムの設計、業務管理・製品開発へのリーン原則の適用、といったチームの能力に影響を及ぼす。そしてこれらすべてが、組織の収益性・生産性・市場占有率などの組織目標に多大な影響を与える。また、顧客満足度・効率性・組織的使命の達成などの（営利企業と非営利企業の双方にとって重要な）非営利目標にも影響を与えるのである。ただし、組織目標および非営利目標に対するこうした影響はすべて間接的なものである。というのも、リー

第 11 章　変革型リーダーシップとマネジメントの役割

ダーとチームメンバーとが共有する、技術的プラクティスやリーン開発のプラクティスが介在しているためである。

　テクノロジーの変革にリーダーシップが果たす役割は、DevOpsをめぐる話題の中ではとかく見逃がされてきた。その役割は次の点で不可欠であるにも関わらず、である。

- 高い信頼性と生産性を実現するための文化規範を確立しサポートする
- 開発者の生産性を高めるテクノロジーを創造し、デプロイまでのリードタイムを縮小し、より信頼性の高いインフラをサポートする
- チームの実験や技術革新をサポートし、良質な製品を迅速に創造し実装する
- 組織の部署を越えた取り組みにより、戦略的な協力関係を築き上げる

　残念ながら、DevOpsを採用している組織であってもリーダーシップが損なわれていることは珍しくない。たとえば、ソフトウェアデリバリや組織のパフォーマンスの改善に必要な変革をチームとして試みようにも、保守的な社員や中間管理職から協力が得られていないケースがある。

　それでもやはり、よく耳にするのは「どうすればリーダーにリーダーシップを発揮してもらい、必要な変革が行えるか？」という疑問だ。DevOpsによる変革が成功するにはリーダーシップが不可欠であることは、周知の事実である。リーダーこそがその権限や予算を使って変革を行えるのである。リーダーはこれらを使って、たびたび必要となる大規模な改変を行い、変革進行時に必要な各種サポートを実施し、そして技術部門（開発、QA、運用、情報セキュリティなど）全体の士気の刷新を行うのである。リーダーは組織の姿勢を決定づけ、望ましい文化規範を強化する存在なのだ。

● 第 1 部　調査結果から見えてきたもの

　変革型リーダーシップとは何かを把握するために、5つの次元からなるモデル［Rafferty and Griffin 2004］を用いた。このモデルでは、変革型リーダーの特性として次の5つが挙げられる。

1. ビジョン形成力──組織が何を目指し、5年後どうあるべきかを明確に把握している
2. 心に響くコミュニケーション能力──不確実で変動する環境下でも、従業員を鼓舞し、ヤル気にさせるような対話を行う
3. 知的刺激──部下の意欲をかきたて、新たな方法で問題に取り組むよう促す
4. 支援的リーダーシップ──部下の個人的要求や感情に配慮と気遣いを示す
5. 個人に対する評価──目標の達成、作業品質の向上を認識・賞賛し、顕著な業績を上げた場合には個人的に報奨する

変革型リーダーシップとは何か？

　変革型リーダーシップをもつリーダーは、部下の価値観や目的意識に訴えて、より良いパフォーマンスの実現のためにヤル気を鼓舞し、大規模な組織変革を促進する。そうしたリーダーは、ビジョンや価値観、規範の提示、コミュニケーションの促進、部下の個人的要望の尊重といった行為によって、チームメンバーが共通の目標に向かって努力するよう仕向ける。

　変革型リーダーシップは奉仕型（サーバント）リーダーシップとの類似点が指摘されてきたが、リーダーが何を重視するかという点で両者は異なっている。奉仕型リーダーが、部下自身の成長や能力に重きを置くのに対し、変革型リーダーは、部下に組織との一体感をもたせ、組織の方針に従わせることに重きを置く。

　我々の調査研究でも変革型リーダーシップをモデルとして用いたのは、そのほうが他の場面のパフォーマンス結果が予測しやすいためであるが、今回我々が関心を向けているのは、技術面のパフォーマンスの改善方法を解明することである。

●第 11 章　変革型リーダーシップとマネジメントの役割

　変革型リーダーシップの評価には、[Rafferty and Griffin 2004]が採用した次のような質問項目を用いた[※1]。

- ビジョン形成力——私のリーダーもしくは管理者について
  - チームが進む方向を明確に把握している
  - チームが5年後にどうあってほしいかを明確に意識している
  - 組織が進む方向を明確に把握している

- 心に響くコミュニケーション能力——私のリーダーもしくは管理者について
  - 組織の一員であることを従業員が誇りに思える発言をする
  - 作業の1つ1つについて前向きな発言をする
  - 環境の変化をチャンスと捉えるよう励ましてくれる

- 知的刺激——私のリーダーもしくは管理者について
  - 新たなやり方で従来の問題に取り組むよう促す
  - かつて疑問視したことがない事柄に見直しを迫る見解を示す
  - 仕事上の前提が適切なものかどうか再考させる

- 支援的リーダーシップ——私のリーダーもしくは管理者について
  - 個人的な感情を配慮した上で行動する
  - 個人的要望をよく検討して行動する
  - 従業員の興味を十分考慮してくれる

- 個人に対する評価——私のリーダーもしくは管理者について
  - 平均以上の仕事をすると称えてくれる
  - 仕事の質が向上していると認めてくれる
  - 顕著な業績を上げると、個人的に報奨してくれる

　分析の結果、上のような変革型リーダーの特性は、ソフトウェアデリ

※1　分析の結果、この調査項目は変革型リーダーシップの評価方法として適切であることが明らかになった。「潜在的構成概念」に関する考察については第13章を参照、用いた統計的手法については付録Cを参照。

● 第 1 部　調査結果から見えてきたもの

バリのパフォーマンスとの相関性が高いことが判明した。実際、ハイパフォーマーのチーム、ミディアムパフォーマーのチーム、ローパフォーマーのチームの間で、リーダーシップの特性に顕著な差が見られた。ハイパフォーマーのチームのリーダーは、5項目のすべてで最高値であったが、ローパフォーマーのチームのリーダーは、すべてにおいて最低値であった。こうした差異は統計的にも有意である。

さらに分析を進めると、変革型リーダーがほとんどいないチームがハイパフォーマーになる可能性は、ほとんどないことがわかる。特に、リーダーシップ能力について下位の30％に入るチームが、ハイパフォーマーになる可能性は50％にすぎない。このことは、一般によく経験する事実の裏づけとなっている。つまり、DevOpsやテクノロジー変革の成功はメンバー各自の努力によるとよく言われるが、リーダーのサポートがある場合は、はるかに容易に成功しているのである。

また、変革型リーダーシップは、eNPS(employee Net Promoter Score)で測る従業員の満足度とも強い関連があることが明らかになった。従業員が幸福で、組織に忠実であり、仕事に没頭できる企業には変革型リーダーが存在している。本調査研究では、変革型リーダーシップと組織文化に関する測定を同時には行わなかったが、他の研究では有能な変革型リーダーが、健全なチームと組織文化を構築し支えるという結果が出ている [Rafferty and Griffin 2004]。

変革型リーダーの影響は、技術的実務にせよ、製品管理にせよ、チーム業務のサポートに現れる。このリーダーシップのプラス(もしくはマイナス)の影響は、ソフトウェアデリバリだけでなく組織自体のパフォーマンスにまで及んでいる。このことを表したものが図11.1である。

●第11章　変革型リーダーシップとマネジメントの役割

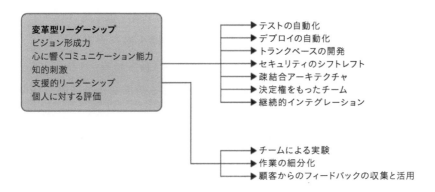

図11.1　変革型リーダーシップが技術とリーンのケイパビリティに及ぼす影響

　言い換えれば、リーダー単独ではDevOpsによる高い成果を上げることはできない、という事実を裏づける結果が明らかになったのである。実際、我々は有能な変革型リーダー（変革型リーダーシップ特性の調査で上位10％に入る者）を擁するチームのパフォーマンスを調査してみた。こうしたチームは平均よりもパフォーマンスが良好であると思われるかもしれない。ところが、調査結果に示された全チーム数と比較してそうしたチームがハイパフォーマーになる確率は、同等かそれ以下であった。

　このような結果は当然であり、リーダーは単独では目標を達成することはできないのである。リーダーには、優れた技術的プラクティス、リーン開発の原則の適用のほか、我々が長年研究してきたさまざまな要因のもと、適切なアーキテクチャで仕事を遂行する「チーム」が必要なのである。

　要するに、リーダーシップは、優れたチーム、テクノロジー、組織の構築に役立つのである。ただし、このことが意味するのは、「リーダーシップが間接的な影響力を行使することで、チームがシステムのアーキテクチャを再構築し、継続的デリバリやリーン経営の手法を実行できるようになる」ということでもある。

特に変革型リーダーシップが発揮されることによって、高いパフォーマンスにつながる実務が可能になり、組織目標を追求するチームメンバー間で有益なコミュニケーションと協働が維持される。さらに、継続的実験と学習が日常業務の一環として行われる組織文化の基礎も構築される。

変革型リーダーの行動は、本調査研究が特定した価値、プロセス、プラクティスを強化する役目をもつ。その行動は独特なものでも、新たな手法体系でもない。我々が数年にわたって研究してきた、技術的プラクティスや組織に関するプラクティスの効果を高めるものにすぎない。

11.2
管理者の役割

リーダーは組織内のテクノロジーの変革に重要な役割を果たしているわけだが、リーダーが管理者であれば、変革に対してさらに大きな役割を演じられる可能性がある。

管理者は、組織において人事・予算・リソースに対する責任を負っている。最も望ましいのは、管理者がリーダーを兼ね、先に述べた変革型リーダーシップの特性を備えている場合である。

管理者は、企業の戦略目標とチームの業務とを結ぶ重大な役割を担っている。また、従業員が安心できる仕事環境の構築、従業員の能力開発への投資、業務障害の排除など、チームのパフォーマンス向上のために多数の務めを負っている。

我々の調査で、DevOpsに対する投資は、ソフトウェアデリバリのパフォーマンスと深く関係することも判明している。管理者は、具体的なDevOpsの手法をチームで有効に使い、DevOpsに対して、また従業員の専門能力の開発に対して投資することで、組織文化に関する状況を改

善できる。

　さらに、管理者はデプロイを簡略化する処置をとることで、ソフトウェアデリバリのパフォーマンスの大幅な改善を促すこともできる。そして忘れてはならないのが、管理者はパフォーマンスの測定基準を可視化し、この基準と組織目標とを照合する労を惜しまず、より多くの権限を従業員に委任するべき、という点である。「知識は力なり」——知識ある者の権限を強化しなければならない。

　今、読者は「DevOps戦略に投資したら、我々のチームはどう変わるのだろうか？」という疑問を抱いているかもしれない。技術面のリーダーは、次のようにさまざまな形で自分のチームに投資できる。

- 組織の全員が、現在あるリソースを利用できるようにする。学習と能力向上の場と機会を提供する
- 研修のための予算枠を確保し、その旨をメンバーに知らせる。また、従業員の興味を引く研修を本人に自由に選択させる。このコストとしては、すでに組織にあるリソースを活用するために、勤務時間内の一定時間をこの目的に割くことを含めてもよい
- メンバーに対し、少なくとも年に1回は技術的なカンファレンスに出席して、そこで習得した事柄をチームに還元するよう促す
- 部門横断型のチームが一堂に会しプロジェクトに取り組む「ハッカソン」を組織内に設ける
- チームが一堂に会して技術的負債に取り組む日を組織内で企画するようチームに促す。技術的負債は後回しにされるものなので、こうしたイベントは重要である
- 組織内でDevOpsのミニカンファレンスを定期的に開催する。その代表例である「DevOpsDays」を催して成功を収めた組織がいくつもある。参加者自らが企画し会議を進めるオープンな場であり、事前に用意した話題を発表するものである
- 就業時間の20％、あるいはリリース直後の数日などは、従業員が新たなツールやテクノロジーを実験する時間とする。特別なプロジェクトに予算を配分し、そのためのインフラも確保する

11.3
組織文化を改善しチームを支援するための秘訣

リーダーや管理者の本当の価値はチームの業績を高めることであり、その最重要任務は、チーム内で強力な組織文化を育み維持することである。それによって、ともに働く従業員は最も効率の良い方法で組織に価値を生み出すことができる。

この節では、管理者、チームリーダー、ひいては現場担当者が、好ましいチーム文化を育む方法を列挙する。本調査研究の結果、部門横断型の協働・学習環境・ツールの3つがソフトウェアデリバリのパフォーマンスと強く関連し、強力なチーム文化を生む一因となることが判明した。

部門横断型の協働を可能にするには以下が欠かせない。

- **他チームにいる同じ立場の相手方との信頼関係を構築する**

  チーム間の信頼構築は最重要事項だが、時間をかけて行わなくてはならない。信頼は、約束の履行、開放型のコミュニケーション、ストレスの多い状況下での冷静な行動によって形成されていく。複数のチームが効率的に仕事をできるようになることは、すなわち、その組織では、部門横断型の協働が尊重されていることを意味する

- **現場担当者に部署間の異動を促す**

  管理者は、スキルアップしていく現場担当者が、異なる部署での任務に興味を抱いていることに気づく場合があるだろう。部署の異動は、双方のチームにとってきわめて有益になりうる。現場担当者は、異動先のチームに業務プロセスや課題について貴重な情報を提供し、以前のチームのメンバーは、他部署の現場担当者との間で自然と情報の橋渡し役になってもらえる

- **チームの協働を容易にする作業を追求し推進する。そうした作業が成功すれば褒賞を与える**

  成功事例は再現できるようにしておく。また、協働を容易にする潜在的要因に留意する

第 11 章　変革型リーダーシップとマネジメントの役割

災害復旧テストを実施して、チーム相互の関係性を構築する

多くの大手テクノロジー企業は、コンピュータシステムが自然災害や人為災害などで機能停止した場合をシミュレートしたり、あらかじめ計画したとおりに災害状況を創出して、災害復旧のテストを実施したりしている。この場合、チームはサービスのレベルを維持もしくは復活させるために一丸とならなければならない。

Googleのクラウドオペレーションの責任者Kripa Krishnanは、こうしたテストを企画・実行するチームを管理している。Krishnanによると、「災害復旧テストのようなケースが成功するには、組織はまずシステムやプロセスの障害を学習手段と見なすことから始めなければならない。テストをデザインするにあたり、通常は共同作業することがない複数のグループのエンジニアが必然的に動員されるよう留意した。そのため、万一、壊滅的な状況になった場合でも、こうしたエンジニアたちの間ですでに強力な協力関係が形成されていることになる」[ACMQueue 2012]。

学習環境の形成を促すには以下が有効となる。

- **教育のための予算を計上し、それを組織内で公表する**
  組織がいかに学習環境を重視し、正規の社内教育に資金を投入しているかを強調する

- **チームメンバーのために、「個人的な学習ができる予算」や「アイデアを探求するための時間」を確保する**
  学習の機会は正規の社内教育以外にも多々ある。よく知られていることだが、3MやGoogleといった企業では、業務時間の一部（3Mが15％、Googleが20％）を、自分の好きなことに自由に使って、担当業務以外のプロジェクト開発に当てることができる

- **従業員が失敗を恐れないようにする**

  失敗を咎(とが)められると、人は新たなことに挑戦しなくなるものである。失敗を学びの機会と捉え、プロセスやシステムの改善方法を解明するために建設的な事後分析を行う。こうすることで、従業員はためらうことなく(妥当な範囲での)リスクを冒すことができ、イノベーションを生み出す文化の形成が促される

- **情報共有のための機会や場を作る**

  毎週「ライトニングトーク」(短時間のプレゼン)を実施したり、毎月のランチミーティングの資金を提供したりして、従業員が知識を共有する機会を定期的に設ける

- **「デモデイ」やフォーラムを開催して、情報共有や技術革新を促す**

  こうしたイベントによって、チームが創造したものを互いに共有できる。また、チームが互いの業績を称え、双方が学びあえる

ツールを有効活用するには以下のことがポイントになる。

- **チームがツールを選択できるようにする**

  よほどの事情がない限り、現場担当者自身がツールを選ぶべきである。現場担当者がインフラやアプリケーションを思いどおりに構築できれば、仕事に注力する傾向がかなり高くなる。これを裏付けるデータがある。職務満足度の主な要因の1つは、従業員が自分の仕事に必要なツールやリソースがあると感じているか否かである(第10章を参照)。また、継続的デリバリの要因に関する我々の研究データによる裏付けもある。つまり、自分でツールを選べる権限は、ソフトウェアデリバリのパフォーマンスを促進する(第5章を参照)。組織がツールを統一しなければならない場合は、資金の調達や提供はチームの利益を考えて行うようにする。

- **モニタリングを優先事項にする**

  インフラとアプリケーションのモニタリングシステムを改良する。また、適切なサービスで情報収集し、その情報を有効利用しているかを確認する。効果的なモニタリングがもたらす可視性と透

明性は非常に重要である。本調査の結果、積極的なモニタリングは、パフォーマンスや働きがいと密接な関わりがある。また、強力な技術的基礎の重要なカギでもある（第7章と第10章を参照）。

　DevOpsの多くの成功事例によって、技術チームの1人1人の並々ならぬ努力が明らかになる一方、テクノロジーの変革には、チームの業績を支え高められる真に熱心な変革型リーダーの存在が重要なことが経験や研究で明らかになった。リーダーによる継続的サポートによって、事業に対して価値が提供される。したがって、組織は「リーダーシップの養成」を「自社のチーム・テクノロジー・製品への投資」と捉えるのが賢明であると言えよう。

第2部
調査・分析方法

Part 2　The Research

第1部で提示した内容を立証するためには、単なる「ケーススタディ」や「ストーリー」にとどまらず、理論的基盤が確立された調査方法の採用が求められる。この調査方法がなければ、成功の予測因子となりうるプラクティスの特定は困難である。我々はこの調査方法のおかげで、どの業界においてもどのような規模の組織に対しても有効なプラクティスを特定できるのである。

　第1部では、この研究結果を提示し、今日のすべての組織において、テクノロジーがなぜ価値の創造や差別化のためのカギとなるのかを示した。この第2部では、第1部で示した研究成果の背景にある科学的根拠を提示する。

Chapter 12　The Science Behind This Book

第 12 章

統計学的背景

毎日送られてくるニュースは、「暮らしを楽にし、人々を幸せにし、企業の世界制覇を助ける」ためにデザインされた戦略に満ちている。また、チームや組織が以前とは違う戦略を採用して技術転換を行い、市場を制覇したという話も聞く。しかし、我々の行動のどれが我々の周囲で観察される変化に対応するのか、どの行動がそういった変化を推進したのか、についてどうすれば把握できるのだろうか。ここで厳密な第一次調査研究が有用になる。しかしこの「厳密」や「一次」という言葉はどのような意味で使われているのだろうか。

12.1
第一次調査研究と第二次調査研究

調査研究は大きく一次と二次の2種類に分けられる。この2つの違いでカギとなるのは、データ収集を誰が行うかだ。第二次調査研究は、他人が収集したデータを使う。第二次調査研究の例として馴染み深いのは、おそらく学生時代に作成したことのある、本のまとめやリサーチレポートだろう。すでに存在している情報を集めて要約し、（可能ならば）発見したことに関する自分自身の考えを追加する。よくある例としてはケーススタディや市場調査研究報告もこれに当たる。第二次調査研究に特に価値が出てくるのは、データが見つけにくいとき、まとめが特に洞察に富んでいるとき、報告が定期的に行われるときである。第二次調査研究は一般的により短時間で行うことができ、費用も安く済む。しかし既存のデータに制約されるので、データが調査研究の目的に合わない場合がある。

それに対し、第一次調査研究は調査研究チームが新たにデータを収集する。第一次調査研究の例としては国勢調査がある。調査研究チームは10年ごとに新たにデータを集め、国の人口や人口統計学的な特性を

報告する。第一次調査研究が貴重なのは、まだ誰も知らない情報を報告でき、既存のデータからは得られない洞察を提供できるからである。第一次調査研究ならば尋ねる質問を決めたり変更したりできるが、一般的には実施に費用と時間がかかる。本書や『State of DevOps Report』は第一次調査研究に基づいている。

12.2
質的と量的の2種類の調査研究

　調査研究には質的なものと量的なものがある。データが数値の形をとっていないものはすべて質的調査研究であり、たとえば面接（インタビュー）、ブログ記事、ツイート、記述式のログ、民俗誌研究者の観察記録などが含まれる。アンケート調査はコンピュータシステムから得たものではないので質的なものにあたると思われることが多いが、必ずしもそうとは言えず、質問の種類による。質的データは記述性が高く、特に複雑な対象や新しい領域においては、研究者が深い理解や新しい振る舞いをより多く発見できる。しかし分析はより困難で、費用もより高くなることが多い。質的データを自動化した方法で分析しようとする場合には、データを数値形式にコード化し、量的データにしてしまうことが多い。

　量的調査研究とは数値を含むデータを基にした調査研究すべてを言う。（数値で記述された）システムデータや在庫データなどもこれに含まれる。システムデータとはツールによって生成されるデータすべてを指し、ログデータはその一例である。調査のデータも、調査の質問が数値形式（可能ならば尺度(スケール)）で答えるようなものであれば、こちらに含まれる。本書で示される調査研究は、リッカート尺度を使って収集されているので、量的調査である。

> **リッカート尺度**
>
> リッカート尺度を用いる場合、答えを記録するときに数値を割り当てる。たとえば「まったく同意できない」は数値1とし「どちらでもない」は数値4、「強く同意できる」は数値7とする。調査研究対象者すべてに一貫した評価測定法が提供でき、研究者が分析に使用できる基礎資料としての数値が得られる。

12.3 分析法の種類

数量調査研究により統計的データ分析が可能になる。Johns Hopkins Bloomberg School of Public HealthのJeffrey Leekが発表したフレームワーク[Leek 2013]によれば、データ分析には6つのタイプがある。複雑さの度合いは、要求される知識、分析にかかる費用、分析を実行するのに要する時間によって決まるが、単純なものから順に示すと次のようになる。

1. 記述的(Descriptive)
2. 探索的(Exploratory)
3. 推計予測的(Inferential predictive)
4. 予測的(Predictive)
5. 因果的(Causal)
6. 機械論的(Mechanistic)

本書で示した分析は、Leekのフレームワークでは最初の3つのカテゴリーに入る。また、これ以外の分析法として、上のフレームワークにはうまく収まらない多変量解析についても説明する。

12.4
記述的分析（記述統計）

　記述的分析（記述統計）は国勢調査の報告などで使われている。データは要約されて報告される——つまり「記述」される。このタイプの分析は最も労力を必要とせず、調査研究チームが対象とするデータセット（そしてその延長として、標本となったユーザーおよび母集団）を理解するためにデータ分析の第1段階として行われることが多い。国勢調査報告のように、報告が記述的分析にとどまる場合もある。

> **母集団と標本、その重要性**
>
> 　統計やデータ分析に関して述べる場合、**母集団**とは、調査研究の対象となっている集団の全体を指す。たとえば技術変革を経験中のすべての人、ある組織のサイトの信頼性にかかわる技術者の全員、ある期間におけるログファイルのすべての行といった具合だ。また**標本**とは、その母集団の一部で、慎重に定義され選択された部分を指す。標本は、調査研究者が分析を実行するデータセットとなる。標本抽出は母集団全体が大きすぎる場合や、調査研究のために接触するのが容易でないときに行われる。標本を対象とした分析から導かれた結論が母集団でも正しいと確実に言えるためには、標本の抽出が慎重かつ適切に行われることが重要である。

　記述的分析の最も一般的な例は、人口に関する統計が要約・報告される国勢調査である。その他の例としては、ベンダーやアナリストのリポートがあり、データや他のレポートを収集し、「業界のツール使用状況」や「技術専門職の教育や資格取得のレベル」といったものを総括し統計をとっている。具体的にはForrester Researchが報告した、アジャイルやDevOpsの取り組みを始めた会社の割合［Klavens et al. 2017］、ダウンタイムの平均コストに関するIDCのレポート［Elliot

2014]、オライリーのデータサイエンス給与調査［King and Magoulas 2016］といったものがこの範疇に入る。

こういった報告は、準拠集団（人口動向や産業界）が現在どのような状態にあるのか、過去にはどうであったか、トレンドはどの方向を向いているのかといった、業界の現状を測るのに非常に有用である。しかし、記述的分析から見えてくるものは、元になった調査研究のデザインとデータ収集方法によって決まってしまう。母集団を正確に反映することを目的とする報告は、母集団を注意深くサンプリングし、すべての限界を考察するようにしなければならない。ただし、このような配慮に関する議論は本書の範囲を超えている。

本書に掲載されている記述的分析の例は、我々の調査対象となった被験者と、彼らが働く組織に関するデモグラフィック情報（出身国、組織の規模、業種、肩書、性別）である（第10章参照）。

12.5
探索的分析

探索的分析（「予備解析」とも言う）は統計分析の次の段階である。これは「データ間の関連を探す」ことで大まかなカテゴリー付けを行うものであり、データのパターンを同定するための視覚化を含むこともある。この段階では外れ値の検出も行われるが、調査研究にあたっては外れ値が確かに外れ値であり、集団の正当なメンバーではないことを注意深く確認する必要がある。

探索的分析は調査研究の過程の中でも興味深い部分である。人と違う発想をもった人ならば、この段階で新しい仮説やプロジェクトを発想し、提案することが多いだろう。この段階で我々はデータの中の諸変数がどのように関係しているかを見い出し、新しいつながりや新たな関

係の可能性を探る。しかし、将来予測や因果関係を発信したいチームにとっては、これでおしまいであってはならない。

「相関関係があるからといって因果関係があるとは言えない」という言葉を聞いたことがある人は多いだろうが、これはどういう意味なのだろうか。探索的段階で行われた分析には相関関係は含まれるが因果関係は含まれない。相関関係は、2つの変量がどれだけ同じように変動するか（あるいはどれだけ逆に動くか）に注目するものであり、一方の変量の動きから他方の変量の動きが予測できると言っているわけではなく、動きの原因になっていると言っているわけでもない。相関分析から言えることは2つの変量が同時に同方向に、あるいは反対方向に、動くかどうかということだけなのだ。その原因や理由については何も言えない。2つの変量が同時に動くからといって、第3の変量が原因であったり、単なる偶然であったりすることもありうる。

偶然に高い相関が示される面白い例を、Webサイト「Spurious Correlations（偽の相関）」で見ることができる[※1]。作者のTyler Vigenは、高い相関を示すとはいえ常識から考えて予測にも使えず因果関係もないと確実に言える例を挙げている。たとえば1人当たりのチーズ消費量とベッドのシーツで首が絞まって死亡した人数とに高い相関が見られる（図12.1。相関係数[※2] 94.71%、$r = 0.9471$）。チーズの消費がシーツで首が絞まることの原因にならないのはもちろんだ（もしなるとしたら、どんなチーズを食べたときだろうか）。シーツで首が絞まることがチーズの消費を促すことを想像することも同様に困難である。全国で葬儀やお通夜の食べ物としてチーズが選ばれているというなら別だが（こ

※1　http://www.tylervigen.com/spurious-correlations

※2　ピアソンの相関係数は、2つの変量間の直線関係の強さを測るもので、「ピアソンのγ（ガンマ）」と呼ばれる。単に「相関係数」と呼ばれることも多く、-1から1の間の値をとる。2つの変量の間に完全な直線関係があれば、両者は正確に一緒に動くことを意味し、$γ = 1$となる。両者が正確に逆に動けば、$γ = -1$だ。まったく相関がなければ$γ = 0$となる。

●第2部　調査・分析方法

れまたどんな種類のチーズかが問題となる。商機ではあるが不健全だ）。それでもなお、「データの海にフィッシングしに行く（何かないかとデータをあれこれ調べる）」とき、頭の中は物語(ストーリー)でいっぱいになる。我々のデータセットには関連があり、辻褄(つじつま)が合ってしまうことが非常に多いからだ。このため、相関関係は探索段階のものにすぎない点を忘れないことがきわめて重要となる。報告できるのは相関関係についてで、より複雑な分析はそれからのことだ。

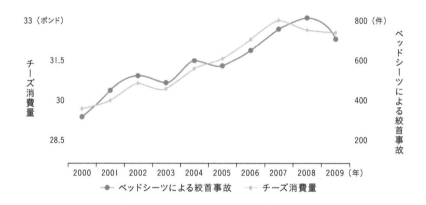

図12.1　偽の相関：1人当たりのチーズ消費量とシーツによる絞首

　我々の調査研究でも、本書の中でも、相関関係の例が複数挙げられている。それは、我々の周囲の物事がどのように相関しているかを理解することの重要性と価値とを我々が知っているからである。すべての事例でピアソンの相関係数を記載しているが、これは今日のビジネス分野で最もよく使われている相関だ。

12.6
推計予測的分析

　第3のレベルの分析は「推計」で、ビジネスやテクノロジー分野の調査研究で今日最もよく実施されているタイプの分析である。「推計予測」とも呼ばれ、人事政策、組織の振る舞いや動機付けなどの効果を把握したり、ユーザーの満足度、チームの効率、組織のパフォーマンスといった成果にテクノロジーが与えるインパクトを理解したりする助けになる。推計が使われるのは、純粋な実験的デザインが不可能で、現場での実験が選択される場合——たとえばビジネスなら、データ収集が実際の業務に無関係の実験室のような環境ではなく複雑な組織の中で行われ、調査研究チームが決めた 対照群に合わせるために利益を犠牲にすることを会社が許さないような場合である。

　「データの海でフィッシングする」ことで偽の相関を見つけてしまう問題を避けるために、仮説は理論から導くようにする。このタイプの分析は科学的方法の第1歩である。仮説を立て、それから検証するという科学的方法に馴染みのある人は多いだろう。このレベルの分析では、仮説は十分に検討され、信頼できる理論に基づくものでなければならない。

　本書でインパクトのある結果について取り上げる際、この3番目のタイプの分析法を採用している。理論に基づくデザインを採用すると確証バイアスが入り込むのではないかと言う人もいるが、それが科学的な方法なのだ。いや、「科学的な方法に近い」と言い直そう。調査研究チームが探しているものを確認するだけでそれが科学的だということにはならない。科学は、仮説を提示し、その仮説を検証するための調査研究をデザインし、データを収集し、提示された仮説を検証することで成り立つ。仮説を支持する証拠を数多く見つけるほど、より強い確信が得られる。この過程を踏むことで、データを探してフィッシングすることから

くる危険(ランダムに存在しているだけで、偶然という以外に本当の理由も説明もないような偽の相関を見つけてしまう危険)を避けられるのである。

　我々のプロジェクトで推計分析により仮説を検証した例としては、継続的デリバリとアーキテクチャに関するプラクティスがソフトウェアデリバリのパフォーマンスを向上させる件、ソフトウェアデリバリが組織のパフォーマンスにプラスの影響を与える件、組織文化がソフトウェアデリバリと組織のパフォーマンスの両方に良い影響を与える件などが該当する。こういった事例では、統計手法として多重線形回帰か部分最小二乗回帰のいずれかを使った。こうした方法については付録Cで詳しく説明している。

12.7
予測的分析、因果的分析、機械論的分析

　後半のレベルの分析は本調査研究には含まれていない。というのも、この種の分析に必要なデータを持ち合わせていないからだ。解説を漏れのないものとするため、また読者の好奇心に応えるために、これらについても簡単にまとめておこう。

- **予測的分析**——過去の事象に基づき未来の事象を予想あるいは予測するためのもの。一般的な例として事業の費用や効用の予測がある。そもそも予測は困難なものだが、遠い未来を見通すのはとりわけ困難である。一般的にこの種の分析には過去の経過データが必要となる。
- **因果的分析（原因分析）**——代表的な分析法と考えられているが、予測的分析より難しく、ほとんどのビジネスやテクノロジーの場面では最も実行が困難な分析法だ。一般的に言ってこの種の分析は無作為化された検証が必要となる。ビジネス分野で不定期に行われる一般的なものが、プロトタイピングやWebサイトにおけるA/Bテストであり、ランダム化されたデータの収集と分析が可能である。
- **機械論的分析**——すべての方法の中で最も手間がかかり、ビジネス分野でお目にかかることはめったにない。この分析法では、専門家が正確な変化を計算する。そのために、特定の条件下で観察される正確な振る舞いを引き起こすように変数を設定する。この分析は物理学や工学などの分野で使われることが多く、複雑なシステムには向いていない。

12.8
多変量解析

　さらに、そのほかの種類として「多変量解析」または「クラスター分析」がある。分析が行われる文脈、調査研究デザイン、使われる分析法により、多変量解析は探索的とも予測的とも見なされ、因果的分析と考えられることすらある。本書では、ソフトウェアデリバリのパフォーマンスについて述べた際にこの分析法を使っている。別の文脈としては、顧客プロファイル分析や市場バスケット分析などで見られる。高いレベルで言えば、分類対象の変量をクラスター生成アルゴリズムに投入して有意な群を特定するという過程を踏むことになる。

　本調査研究では、テンポと安定性を変量として使ってこの統計的分析法を適用し、チームのソフトウェア開発とデリバリの仕方に違いがあるか、またその違いはどのようなものかを特定し理解するための助けとした。我々は4つの技術的パフォーマンスに関する変量（デプロイの頻度、変更のリードタイム、平均復旧時間、変更失敗率）をクラスター生成アルゴリズムに投入し、どのような群が現れるかを見た。その結果、明確な、統計的に有意な差が認められた。ハイパフォーマーは4つの指標すべてが有意に優れており、ローパフォーマーは4つの指標すべてが有意に劣っていた。ミディアムパフォーマーはローパフォーマーより有意に優れていたが、ハイパフォーマーより有意に劣っていた（詳細は第2章を参照）。

● 第 12 章　統計学的背景

> **クラスタリングとは？**
>
> 興味をもった理論家の（言い換えれば専門家の）統計家のために言及しておくと、我々は階層的クラスター分析(hierarchical clustering)を使った。k平均法(k-means clustering)よりもこちらを選んだのにはいくつか理由がある。第1に、分析の前にはいくつの群が得られるか、理論的にも何も、まったくわからなかったためだ。第2に、階層的クラスター分析なら現れたクラスターの親子関係を探ることができるので、解釈の可能性が広がる。最後に、巨大なデータセットを持っていたわけではないので、演算能力や速度は問題にならなかったためである。

12.9
本書に掲載した調査研究

　本書で取り上げた調査研究は、4年の期間を費やして著者らによって実施されたものである。第一次調査研究なので、我々の頭の中にあるリサーチ・クエスチョン（調査上の疑問）、特にどのようなケイパビリティがソフトウェアデリバリのパフォーマンスと組織のパフォーマンスを押し上げているのか、に取り組むのによく適合している。このプロジェクトは量的調査データに基づいていたため、我々の仮説を検証するための統計解析を行うことができ、ソフトウェアデリバリのパフォーマンスを押し上げている要因についての深い洞察を得ることができた。

　以下に続く章では、我々の調査から収集したデータが良質で信頼できるものであることを確認するために採った手順について論じていく。その後に、アンケート調査が（我々の調査研究プロジェクトのような場合でも、読者自身のシステムにおいても）なぜ測定のためのデータソースとしてより優れている可能性があるのかを探っていく。

❖ MEMO ❖

Chapter 13 Introduction to Psychometrics

第13章

計量心理学入門

●第2部　調査・分析方法

　我々の調査研究に対して2つの質問が寄せられることが多い。1つは「なぜアンケート調査を採用したのか（この質問に対しては次章で詳細に説明する）」で、もう1つは「調査により収集されたデータが（システムで生成されたデータではないのに）信頼できるのか」である。我々の元データの質について疑いがあると、したがって我々が出した結果の信頼性について疑いがあると、この疑問がいっそう大きなものになる。

　良質のデータであるかどうかを疑うのはもっともな話なので、アンケート調査から得られたデータはどこまで信用できるのかという疑問にまず答えよう。この懸念の大部分がどこから来ているのかというと、我々の多くが経験してきたアンケート調査がプッシュ・ポール（push polls。押しつけ調査）や粗略な調査、あるいはきちんとした訓練を受けていない者が作成した調査である。

　プッシュ・ポールは明確で露骨な意図をもった調査で、質問は「研究者」の見方に賛同しているのでなければ正直に答えにくい。その例は政治の世界で多く見られる。たとえば2017年2月にトランプ大統領は「主流メディアの説明責任調査（Mainstream Media Accountability Survey）」を公表したが、世論はすぐに懸念をもって反応した。調査の主要部分のごく一部を取り上げるだけで、この質問項目でデータを明確な偏りのない方法で収集できるのか、また調査者にその能力があるのか疑問がわいてくる。たとえば次のような質問があった。

1. 「**主流メディアは我々の活動を公正に報道していないと強く思いますか？**」——これが調査の最初の質問で、大したことのないものだが、調査のその後のトーンを規定している。「我々の活動」という言葉を使うことで、調査の回答者を「我々と彼ら」という立ち位置に誘導する。「主流メディア」という言葉もこの政治状況では否定的な意味合いを持たされている。

2. 「トランプ大統領の移民の一時的規制に関する大統領令[※1]を大多数のアメリカ人が支持していることを明らかにした調査結果が公表されたことを知っていましたか？」——この質問は明白なプッシュ・ポールの例だ。質問文は調査の回答者に、起こっていることに関する意見や認識を尋ねるというより、情報を与えようとしている。さらに心理学的な戦術を使い、「大多数のアメリカ人」が一時的規制を支持していると示唆することで、多数派に属したいという読み手の欲求にも訴えている。

3. 「メディアの雑音を排除し、メッセージを直接国民に伝えようというトランプ大統領の戦略に賛成ですか？」——この質問には強く、そして対立をあおるような言葉が使われている。すべてのメディアが「雑音」であるかのように印象づけるもので、この時点の政治状況下では否定的なニュアンスがきわめて強い。

この例を見れば、人々がなぜアンケート調査に対してひどく懐疑的であるのかがわかる。このような調査にしか触れたことがなければ、信用できなくなるのも当然だ。どの質問からも、どのように認識しどのような意見をもっているのかを教えてくれる信頼性のあるデータは得られない。

プッシュ・ポールのような露骨な例を除いても、悪いアンケート調査はいたるところで見つかる。最も多いのが、善意はあるが専門的訓練を受けていない「研究者」が作成したもので、顧客や従業員の意見について何らかの洞察を得たいと望んでいるのだが、次のような共通の欠点がある。

※1 ドナルド・トランプ米大統領が2017年1月27日に署名した、特定7カ国の国民の米国入国を90日間禁止する「テロリストの入国からアメリカ合衆国を守る大統領令」(EO 13679)。

- **誘導する質問**——質問文は回答者にどちらの方向へのバイアスも与えずに答えさせるものでなければならない。たとえば「ナポレオンの身長についてどのように説明しますか？」のほうが「ナポレオンの背は低かったですか？」より良い
- **わなにかける質問**——質問文は回答者にとって正しくない答えを強要するものであってはならない。たとえば「資格試験を受けたのはどこですか？」という質問は、回答者が資格試験を受けていない可能性を認めていない
- **1つの質問文に複数の質問事項**——質問文は1つのことだけを聞くべきである。たとえば「顧客やNOC[※2]から障害の知らせを受けましたか？」では、回答者が質問のどの部分に回答したのかわからない。顧客か、NOCか、両者か。もし「いいえ」なら、両方ともか
- **不明確な言葉遣い**——質問文では回答者に馴染み深い言葉遣いをするべきで、必要な場合には説明や例を付け加えるべきである

　ビジネスで用いられる質問文の多くに潜在する弱点の1つが、データを収集するのにたった1つの質問しか用いないことだ。「クイック調査」と呼ばれることもあるが、市場調査や企業調査でかなり頻繁に用いられている。質問が上手に作成され注意深く読み取られれば、それに基づくものは有用である。しかし、この種の調査からは限られた結論しか導き出せないという点に留意して用いなければならない。よくできたクイック調査の例がネットプロモータースコア（NPS: Net Promoter Score）である。注意深く作成・研究されて、よく理解されており、使用法や適用可能性についての説明書が整っている。顧客や従業員の満足度を測定するためのより良い統計的尺度も存在するが（たとえばより多くの質問を用いるもの［East et al. 2008］）、単一の尺度のほうが調査対象から答えを得やすいことが多い。さらにNPSには、業界標準となっており、そのためチーム間や会社間での比較が容易だという長所もある。

※2　ネットワークオペレーションセンター。

13.1
潜在的構成概念をもつデータの信頼性

これほど多くの懸念点があるのに、アンケート調査によって得られたデータを信頼することなどできるのだろうか。嘘を答えた人がいても結果が歪まないと確信できるのだろうか。我々の調査研究については、潜在的構成概念(latent constructs)と統計解析を用いることによって、良質なデータを得た。あるいは少なくとも、データが語っていると我々が思えることを、実際にデータが語っているのだという、合理的な保証を提供した。

潜在的構成概念は直接測定できないものを測定する方法の1つである。我々は部屋の温度やWebサイトのレスポンス時間を求めることができる。こういったものは直接測定が可能だ。

直接測定できないものの良い例が組織文化だ。チームや組織の文化の「温度」を測定することはできない ── 文化を測定するには文化の構成要素(「顕在変数」と呼ばれる)の測定が必要なのであり、アンケート調査の質問によってその構成要素を測定する。つまり、あるチームの組織文化を誰かに説明するときに、おそらくいくつかの特徴を挙げるだろうが、それらの特徴が組織文化の構成要素というわけである。その1つ1つを(顕在変数として)測定すれば、それを合わせたものがチームの組織文化(潜在的構成概念)を表すことになる。このデータを捉えるのにアンケート調査による質問を用いるのが適切な理由は、「文化というものはチームで働いている人々が生き暮らしている体験だから」である。

潜在的構成概念を扱う場合(実は調査研究で測定しようとするすべての対象について言えることなのだが)測定したいものが何であるのか明確に定義し理解するところから出発することが重要である。ここでは「組織文化」という言葉で何を表すのかを決める必要がある。第3章で議論したように、我々が関心をもっている組織文化は、信頼と情報の

流れを最適化するもので、表13.1に示すRon Westrumの類型論[Ron Westrum 2004]を参考にした。

表13.1　Westrumが提唱した3タイプの組織文化とその特徴

不健全な （権力志向の）組織	官僚的な （ルール志向の）組織	創造的な （パフォーマンス志向の）組織
協力態勢が悪い	ほどほどの協力態勢	協力態勢が確立
情報伝達を阻止	情報伝達を軽視	情報伝達に熟達
責任逃れ	責任範囲が狭い	リスクを共有
仲介を阻止	仲介を許容	仲介を奨励
失敗は責任転嫁へ	失敗は裁きへ	失敗は調査へ
新規性をつぶす	新規性が問題になる	新規性を実装

　構成概念が同定されたら、調査の質問文を作成する。Westrumが提案した組織文化の概念は単一の質問では捉えることができないことは明らかである。組織文化は多面的な概念だ。「あなたのところの組織文化はどのようなものですか？」と聞けば、相手によって理解のされ方が異なってしまうものだ。潜在的構成概念を使うと、元になっている考えの各側面について1つずつ質問することができる。構成概念をきちんと規定し、質問項目をうまく作成すれば、概念的に言うと「ベン図」で描いたように、調査の各質問項目が元の概念のそれぞれ関連した側面を捉えられる。

　データを集めたら、その測定値が元の概念の核心部分を実際に反映しているかどうか統計手法を用いて検証する。それが済めば、それらの測定値を組み合わせて単一の数値にまとめ上げられる。この例では、組織文化の各側面に対する調査の質問の組み合わせが概念を測定していることになる。各項目のスコアを平均することで、ある意味の「組織文化の温度」を得るのである。

潜在的構成概念の利点は、対象となる概念を捉えるためにいくつかの測定値（顕在変数）を使うことで、不良な測定値や不良な回答者から調査結果を守れるという点である。次節から具体的に次の点について見ていくが、これはシステムデータを使ってシステムのパフォーマンスを測定するときでも同じだ。

1. 潜在的構成概念は、何を測定したいのか、構成概念をどのように定義するかについて注意深く考える助けとなる
2. 測定対象のシステムの振る舞いとパフォーマンスについて複数の観点を提供し、不良なデータを除去する助けとなる
3. 単一の不良データソースが誤解に基づくものであっても不良な回答者によるものであっても、結果を歪めることがより困難になる

13.2
潜在的構成概念は測定対象に対する考察を促す

潜在的構成概念が不良データを避ける助けとなるという第1の理由は、自分たちが何を測定したいのか、構成概念をどのように定義するのか、深く考えさせるという点だ。この過程を時間をかけて考え抜くことが不良な測定値を避ける助けとなる。一歩下がって、測定しようとしているものが何か、どのようにそれを測定するのか、何の代わりをさせるのかを考えさせられる。ここでも例として文化の測定について検討してみよう。

「技術の転換には文化が重要だ」とよく聞くので、文化を測定したいと考えたとする。従業員や同僚に「あなた（君）のところの文化は良いと思いますか？」（質問1）とか「あなたのチームの文化が好きですか？」（質問2）などと聞いたらどうなるだろう。「はい」（あるいは「いいえ」）

という答えがあったとして、一体それはどんな意味なのだろうか。そこから何がわかるのだろうか。

　質問1では、我々が使った「文化」とは何を意味し、回答者はそれをどう解釈したのだろうか。どんな文化について話しているのか、所属しているチームの文化か、それとも組織の文化か。本当に職場の文化について話しているのだとしたら、その文化のどの側面を取り上げているのか。それとも本当は回答者の国民性と文化の関係に興味があるのか。仮に質問のうち「文化」の部分は皆がわかったとして、「良い」とは何なのか。信頼し合えるということか。面白いということか。それともまったく別のことか。そもそも文化が全面的に良かったり悪かったりすることがありうるのか。

　質問2は、チームレベルの文化について聞いていると特定できるだけ少しましだ。しかし、質問文を読んでも「文化」が何を意味するのかは依然としてわからないから、チーム文化とは何かという点でさまざまに異なる考えを反映したデータを得ることになる。ここでもう1つ気になるのはチーム文化が好きかどうかを訊いている点だ。文化が好きとはどういう意味なのだろうか。

　極端な例だと思えるかもしれないが、このような間違いをする人々をよく目にする（読者諸賢のことを言っているのではない）。一歩下がって何を測定したいのかを深く考え、文化という言葉で何を意味したいのかきちんと定義することで、より良いデータが得られる。技術転換において文化が重要だという文脈で、我々が言っている文化とは、信頼性が高く、情報の流れを促進し、チーム間のつながりを生み、斬新さを奨励し、リスクを共有する文化である。チームと組織の文化についてのこの定義を念頭に置けば、Westrumが提唱した類型が、なぜ我々の調査研究に適しているのかが理解できるはずである。

13.3
潜在的構成概念はデータの見方を複数与えてくれる

　潜在的構成概念が不良データの回避を助ける第2の理由は、観察対象のシステムの振る舞いとパフォーマンスについて複数の見方を与えてくれる点だ。我々がシステムの振る舞いを捉えるためにもっている唯一の測定値が不良なものであった場合、潜在的構成概念なしにはそれが不良だと知ることができない。

　組織文化を測定するケースを振り返ってみよう。我々はこの構成概念の測定を始める際に、Westrumの定義に基づいて組織文化のいくつかの側面をまず挙げて、これらの側面に対していくつかの質問項目を作成した[3]。適切な調査項目の書き方や、その項目の質に対するチェックの仕方は、この章の後のほうで詳しく述べる。

　さて、データを収集したら、これらの項目がすべて実際に対象とする概念（つまり潜在的構成概念）を測定しているかどうか確認するための検定を行う。検定でチェックすることは以下のとおりである。

- **弁別的妥当性**
  関連性がないと想定している項目が実際に無関係であることを検定する（たとえば、組織文化を捉えていないと我々が考えている項目が、組織文化と関係していないことを確認する）。

- **収束的妥当性**
  関連性があると想定している項目が実際に関連していることを検定する（たとえば、組織文化を測定していると想定した項目が、組織文化を実際に測定していることを確認する）。

---

[3]「調査質問（survey questions）」と一般的に呼ばれているもの。しかし実際には質問ではなく、陳述である。本書では「調査項目（survey items）」と呼ぶことにする。

測定値に対しては妥当性の検定に加え、信頼性の検定も行われる。これにより、各項目が回答者に同じように読み取られ解釈されるという保証が得られる（内部一貫性）。

こうして妥当性と信頼性の検定により我々の測定値が確認される。これはすべての分析の前に行われる。

Westrumが推奨している組織文化に関しては、チームの組織文化を捉えるために7つの項目がある。

我々のチームでは――

- 情報は積極的に探し求められる
- 報告者による知らせが失敗などの悪いニュースであっても罰せられることはない
- 責任は共有されている
- 職能の枠を超えた部門間協力は推奨され、報奨を受ける
- 失敗があると原因の調査が行われる
- 新しいアイデアは歓迎される
- 失敗は、まずシステムを改善する好機として扱われる

チームは1の「まったく同意できない」から7の「強く同意できる」までの数値を選択することで自分たちの組織文化を短時間で容易に測定できる。

これらの項目は検定の結果、統計的に妥当で信頼性があることがわかっている。つまり、その項目で測定しようとしているものが測定され、読まれて解釈されるときも整合性があるということである。これらの項目がチームについて訊いており組織について訊いてはいないことに気づいただろうか。我々がそのように決めたのは調査項目を（Westrumのオリジナルのフレームワークから離れて）作成していたときで、その理由は「組織が巨大である場合、それを構成する下位の組織がそれぞれに異なる

文化を有する可能性がある」と考えたからである。さらに、「人は組織全体よりも構成人数が少ないチームについてのほうがより正確に答えられるので、そのほうがより良い測定結果が収集できる」という理由もあった。

13.4
潜在的構成概念は不良データを防ぐセーフガード

　これについては少し説明が必要だろうが、**統計的に定期的に検定され、良好な計量心理学的性質を示す**潜在的構成概念が、不良データから調査を守る助けになる。

　前節では妥当性と信頼性の話をした —— 潜在的構成概念を測定するための調査項目が同一の範疇に収まることを確認するのが検定だ。構成概念がこれらの検定をすべてパスした場合、その構成概念が「良好な計量心理学的性質を示す」と言う。こういった評価を定期的に繰り返し、変化がないことを確認することが必要だ。特にシステムや環境の変化が疑われるときには欠かせない。

　組織文化の例では、すべての調査項目が構成概念の測定に有効だったが、今度は別の例を見てみよう。検定によって測定法を改良していった例だ。「障害の通知」に関する調査についてのものだ。次にその調査項目（質問文）を示す。

1. 障害を主に顧客からの報告で知らされる
2. 障害を主にNOCからの報告で知らされる
3. 障害の警告をログ管理システムや監視システムから受信する
4. しきい値警告（例：CPUの稼働率が90％超）に基づいて、システムの健全性を監視している
5. 変化率警告（例：CPUの使用が最近の10分で25％増加）に基づいて、システムの健全性を監視している

●第2部　調査・分析方法

　準備段階のデザインで、約20名の専門技術者により構成概念の予備検定を行ったところ、項目は同じ要素にまとめられた（つまり、同じ潜在的構成概念を測定していた）。しかし、最終的により多くのデータの収集を完了した際にも検定したところ、実際には2つの別々のものを測定していることが明らかになった。単一の構成概念を確認するのではなく、2つの構成概念を測定していることが判明したのだ。先に挙げた質問文のうち最初の2つは、「自動化されたプロセスの外部からもたらされる通知」を捉えているようであった。

　一方、残る3つの項目（3.～5.）は別の構成概念を捉えていた。「システムからもたらされる通知」あるいは「障害の予防的な通知」である。

　したがって、もしも調査の回答者に単一の調査項目だけで障害の監視について尋ねていたら、通知が**どこから**来るのかを捉えることの重要さには気づけなかっただろう。また、通知元の1つが振る舞いを変えた場合でも、検定により捕捉されるので見逃さずにすむ。システムデータについても同じことが言える。システムの振る舞いを捉えるのに、システムから得られる複数の測定値を使う。妥当性チェックを行う測定値は変化する可能性があるので、定期的なチェックは欠かせないのである。

　我々の調査研究で、この2番目の構成概念である「障害の予防的通知」は、ソフトウェアデリバリのパフォーマンスを予測する効果のあるケイパビリティであることが判明した。

13.5
潜在的構成概念のシステムデータへの適用

　潜在的構成概念に関するこうした考え方の中には、その対象をシステムデータにも拡大できるものがある。複数の測定値を使って類似した振る舞いパターンを探すことは、何の代わり（代理）を測定値にさせようとしているのかじっくり考えさせられるという効果をもたらすのだ。たとえばシステムのパフォーマンスを測定したいとしよう。単に何かの反応時間だけを集めても悪くはないのだが、データの類似パターンを探したいのなら、反応時間を表すと思われる複数のデータを収集したほうがよい。パフォーマンスのさまざまな側面を検討し、システムから得られる他の測定値で反映されているものがないか検討する。こうすることで、関心をもっていたのは直接測定することが困難なシステムパフォーマンスの「概念的な測定」であり、関連する複数の測定値で捉えたほうがよいということがわかるのだ。

　ここで指摘しておくべき重要な点がある。すべての測定値は代理（プロキシ）だということだ。つまり、我々が意識していなくても、測定値は1つのアイデアを表現しているのである。これはアンケート調査に限らずシステムデータについても当てはまる。たとえば反応時間をシステムパフォーマンスの「代理」として使っているわけだ。

　1種類のデータだけをバロメータとして使うことが不適切であっても（あるいは不適切なものに変わってしまっても）、そのことは我々にはわからない。たとえば、ある測定値を収集するソースコードの変更がその測定値に影響を与えてしまっても、収集している測定値が1種類だけだとするとその影響による変化を察知できる可能性は低い。しかし複数の測定値を収集していれば、変化が検知される可能性が高くなる。潜在的構成概念がセーフガードとして働いてくれるのだ。このことはアンケート調査についてもシステムデータについても当てはまる。

❖ MEMO ❖

Chapter 14 Why Use a Survey

第14章

アンケート調査を採用する理由

● 第2部　調査・分析方法

　前章までの説明で、アンケート調査のデータが信頼できることが明らかになった。我々の心理統計学的構成概念は適切に設計され念入りにテストされたものであり、その構成概念から得られたデータにおいて合理的な保証が得られた。つまり、「これはこういう意味だろう」と我々が想定していたことが実際にそうだったということだ。ところで、アンケート調査を使う理由は何だろうか。また、他の人々にも同種の調査をすすめる理由はなんだろうか。ソフトウェアのデリバリプロセスのパフォーマンスに関する知見を得る場合、データを取得するために、デリバリプロセスやツールチェーンの計測から始めることが多い（本書全体を通して、このようにシステムから収集されたデータのことを「システムデータ」と呼んでいる）。現に市場のツールにはリードタイムなどの分析機能をもつものもある。にもかかわらず、なぜツールチェーンに関する分析用の情報収集にアンケート調査を行うのだろうか。

　アンケート調査を採用する主な理由は次の5つである。続く各節で各項目について詳しく説明する。

1. データの収集と分析を素早く行える
2. システムデータを用いてシステム全体に関する測定を行うのは困難である
3. システムデータによる完全な測定は困難である
4. アンケート調査によるデータは信頼できる
5. アンケート調査によってしか測定できない事柄がある

14.1
データの収集と分析を素早く行える

　多くの場合、アンケート調査を利用する最大の理由はデータ収集の速さと容易さである。特にこのことが重要となるのは、まったく新しいデータを収集する場合、1回限りのデータを収集する場合、複数の組織に対してデータ収集を行う必要がある場合である。

　本書のアンケート調査はこれまでに合計4回行われた。各回において、4週間から6週間の期間で、世界中から、数多くの組織を代表する数千の回答者からデータが収集された。システムデータを同じ期間で同じ数のチームから取得するのはとうてい実現可能とは思えない。データ自体を収集する作業（収集するデータの仕様の決定やデータ自体の送信など）ももちろんのこと法的な許可を得るだけでも不可能だろう。

　仮に4週間で世界中から2,000から3,000のシステムデータが寄せられたと仮定してみよう。次の段階はデータのクリーニングと分析だ。本書の内容と同じレベルのデータ分析にはおよそ3〜4週間かかる。システムデータを扱ったことのある読者は多いだろうし、中にはスプレッドシートのデータを組み合わせたり比較照合したりといったことが大好きな人もいるだろう（「苦痛」に感じる人のほうが多いだろうが）。しかし、世界中の数千のチームから寄せられた未整理のシステムデータを処理しなくてはならないのだ。データのクリーニングを行い、整理・分析した上で、3週間で報告書を作成できるだけの結果を出すことがいかに大変か想像してほしい。

　データのクリーニングや分析作業のほかにもう1つきわめて重要なものがある。すべての作業を台なしにしかねないもの、すなわちデータそのものにまつわるものだ。より具体的に言えば、データのもつ「意味」である。

　異なるチームがまったく別の（あるいは類似の）測定値に同じ名称を

用いていたという経験はないだろうか。たとえば、「リードタイム」と「サイクルタイム」だ。我々は前者を「コードのコミットからコードがデプロイ可能な状態になるまでの時間」と定義しているし、後者は「開発チームがコーディングを開始してからコードがデプロイ可能な状態になるまでの時間」と定義されている場合が多い。しかし、この2つの言葉は、区別されずに用いられていることも多い。別のものの測定結果を指しているにもかかわらずである。

　では、あるチームが「サイクル時間」と呼び、別のチームが「リードタイム」と呼んでいるのに、それが同じものを指していたらどうなるのだろうか。あるいは両チームともリードタイムと呼んでいるのに、それが別々のものを測定しているのだとしたらどうだろうか。データを集め、それを分析しようとしていても、きちんと区別されていないことになり、これは深刻な問題である。

　アンケート調査の各設問の文章が注意深く吟味された単語を用いて明確に表現されていれば、この問題はあまり生じないだろう。すべての回答者が同じ項目を、同じ言葉で、同じ定義で処理していく。所属する組織で何と呼ばれているのかは関係ない。調査で何を尋ねられているのかだけが問題となる。設問の質と明確さが重要になるが、このように細心の注意を払ってアンケート調査を作成しておけば、データのクリーニングや前処理を素早く、そして迷うことなく行える。

　厳密な調査研究の場合は、付加的な分析（たとえばコモンメソッドバリアンスのチェック）が行われ、アンケート調査自体がバイアスを結果に持ち込んではいないか確認し、回答についても初期と後期の回答者との間でバイアスがないかどうかがチェックされる（付録Cを参照）。

14.2
システムデータを用いた
システム全体の測定は困難である

　システムが良質で有用なデータを出力していても、そのデータがすべてを尽くしていることは滅多にない。知りたいと思っているシステムの動作を本当に100％測定できているのかが問題なのだ（我々が経験からわかっていると思っていることには誤りが多く、多くの場合、何度か繰り返して確認をとる必要がある）。

　例を挙げて説明しよう。著者の1人は以前、IBMでパフォーマンスエンジニアとして勤務し、企業向けのディスクストレージシステムを扱っていた。このシステムの診断と最適化が仕事で、さまざまな負荷をかけつつ、ディスクの読み書きやキャッシュに関する調整や、RAIDの再構築などを行った。作業終了後、システムは順調に動作しており、すべてのレベルでそのことを裏付ける測定値が得られていた。だが時として、顧客から「遅い」というクレームが届くことがあった。もちろん調査は行われたが、1度目あるいは2度目のクレームでは、「システムのログが性能に問題がないことを示している」として、それ以上の検討はなされずに突き返されることになった。しかし、それでも「遅い」という報告が増えるばかりという状態になったため、さらなる調査が必要になった。顧客や現場が「嘘」をついている可能性がなくはない。たとえば、「SLA (Service Level Agreement)が満たされないから値引きしろ」と要求するためだ。しかし、顧客からも現場からも同じ種類の報告が上がってきていた。似たような速度の低下があると言ってきていたのである。人間から送られてくるデータはシステムログほどの精度をもちはしないが（報告に書かれた反応時間は分単位、これに対してログファイルの精度はミリ秒単位）、原因を特定するためのヒントとしては十分な情報が得られた。

では何が問題だったのか。システム自体のパフォーマンスにはまったく問題がなかった。すべてのレベルでの計測結果が得られており、データはすべて捕捉していた。ただし、システムの「内部」に関しては、だ。捕捉できていなかったのはインタフェース部分だった。顧客のシステムと当該のディスクストレージシステムとのやり取りをする部分で、重大なパフォーマンスの低下が起こっていたのだ。最終的には、この問題に対応する小規模のグループを組織し、ほどなくシステム全体が最高のパフォーマンスを発揮できるようになった。

　システムのパフォーマンスに関してユーザーに尋ねなければ、何が起こっているのかを把握することはできなかったであろう。システムに関与する技術者の感覚的な印象を含む定期的な評価を行うことにより、システムのボトルネックや不具合の発見につながる洞察が得られるケースがある。チームの全メンバーを対象にした調査を行うことで、少数のプラス（あるいはマイナス）の意見を過大評価してしまうという危険を回避できるのである[※1]。

※1　これはもちろん改良を目的としてデータを集めたと仮定した話であり、全員に対して「プラス方向（あるいはマイナス方向）の回答をせよ」などと伝えたりしていない場合に限られる。答え方に対して指示があれば「自白するまで拷問は止めないぞ」というのと同じことで、欲しいと思ったデータ（プラス方向の回答）は得られるだろうが、その結果に意味はない。1つの方法としては、回答を匿名にすれば本音が聞ける可能性が高まるだろう。

14.3
システムデータによる完全な測定は困難である

　システムデータからすべてを予測することはできないというのもアンケート調査を使う理由の1つだ。システムには、システムの中で起こっていることしかわからない。一方、人にはシステムの「中」だけでなくその「周囲」で起こっていることも見える。我々の経験を1つ紹介しよう。

　我々の調査ではバージョン管理システム（VCS）の利用の有無が、ソフトウェアデリバリのパフォーマンスにおいてカギとなるケイパビリティ（組織全体やグループとして保持する機能や能力）の1つであることが明らかになっている。あるチームがVCSをどの程度利用しているかを知りたければ、そのチームに質問すればわかる。こういった事柄ならば、チームメンバーの誰でも簡単にわかるはずだ。VCS利用の有無をシステムデータを用いて測定するのはかなり大変になる。VCSで管理されているファイルやレポジトリの個数は簡単にわかるが、これ以上のことを知るのは困難である。しかも、個数がわかっても、チーム全体を見てその数値がどのような意味をもつかまではわからない。

　VCSの管理下にあるファイルやリポジトリの割合を知りたいところだが、それをシステムが答えることはできない。割合を答えるにはチェックインされているファイルの数だけではなく、チェックイン**されていない**ファイルの数も必要だが、システムはVCSの外にファイルがどれくらいあるかわからないのだ。システムは自分の内部にあるものしか見えない。この場合、VCSの使われ方はログファイルなどの計測によっては正確には測定できないものなのだ。

　人はシステムに関して完璧な知識を得ることはできない。しかし、システムで作業している専門家としての認識や経験をまったく無視してしまえば、システムを改善するための重要な視点を失うことになる。

14.4
アンケート調査によるデータは信頼できる

　アンケート調査から得られたデータはどの程度信用できるのか、またさらに言えば、そうした調査から得られる知見はどの程度信用できるのかという質問をよく受ける。これに関しては、我々が技術者に対して行うテストについて説明をすることで回答してみよう。自分自身に（あるいは知人のソフトウェア開発者に）次の質問をしてみてほしい。

1. **アンケート調査のデータを信用しますか？**──この質問に関しては肯定的な答えはほとんど得られない。悲しいことだが、多くの人はアンケート調査では回答者が嘘をつくと思っているし、アンケートの作成者や設計者は自分の得たい結果を得るために質問項目を操作しようとすると考えている（この点についてはすでに第13章「計量心理学入門」で説明した）
2. **システムやログデータを信用しますか？**──この質問に対しては、肯定的な回答が増える。システムから得られるデータは、不正に書き換えられたりしていないと考えられるので、安心できるのだ。そこで次の3番目の質問に進む
3. **システムから得られたデータに問題があった経験はありますか？**──我々の経験では、ほぼ全員がシステムデータに問題があったことがある。システムデータが不正に書き換えられたとは考えてはいないものの、システムを作ったのは人であり（したがってシステムから得られるデータの大元も人であって）、人は間違いを犯すものなのだ。そして悪意をもった者が1人いればシステムに不具合が生じ、問題を含むデータが提供されてしまうことになる

● 第 14 章 アンケート調査を採用する理由

> ### 悪意をもつ者とシステムデータ
>
> 　一部に熱狂的なファンがいる映画『リストラ・マン（原題：Office Space）』は、システムデータにエラーが入り込んでしまった格好の例と言えるだろう。ある社員が財務ソフトに細工をし、ごく少額（「丸め誤差」の範囲）を個人口座に振り込むよう変えてしまう。「塵も積もれば山となる」で犯人は大金を手にするが、「丸め誤差」は表には出てこない。

　システムデータに問題があった経験を皆がしているにもかかわらず、システムデータならば信用し、アンケート調査の結果ならば疑ってしまう。これはなぜだろうか。おそらく専門家として、システムがどのように動作しているのかを理解しているからなのだろう。システムから得られたデータの誤りを特定することができ、特定できればそれを修正する方法がわかると信じているわけだ。

　その一方で、アンケート調査結果のデータに関する作業には馴染みがない。特にアンケート項目の作成や計量心理学的手法についてトレーニングを受けていない人々にとってはその感が強い。しかし、本書の第2部で紹介した概念を見ればわかるように、調査データの信頼性を高める方法がある。これには測定法や潜在的構成概念、統計手法の慎重な決定による測定値の妥当性と信頼性の確保などが含まれる。

　システムデータとアンケート調査のデータを比較してみよう。システムデータの場合、ログファイルに記録されているデータを少数の人間が変えてしまうケースが考えられる。たとえば、何らかの悪意をもった危険人物が管理者（あるいはそれに近い）権限を取得してしまった場合や、開発者がミスをしたがそれがレビューやテストで見つからなかった場合だ。データの質に対する影響は重要な意味をもつ。皆が注意を払うポイントはおそらく1つか2つしかないのが一般的だ。この場合、生の

● 第 2 部　調査・分析方法

　データの質がよくなくても、何ヵ月、あるいは何年もの間、さらにはまったく気が付かない恐れがあるのだ。

　アンケート調査のデータの場合も、悪意をもった人物がアンケート調査の質問に対して嘘をつき、その回答が全体の結果を正しくないものにしてしまう危険性はある。データに対する影響は調査対象の集団の大きさに依存する。本書の調査では2万3,000以上の回答が集められた。はっきりとした変化を引き起こすためには、数百人が協調して組織的に「嘘」をつく必要があるだろう。潜在的構成概念のすべての項目について、同じ程度で、同じ方向に嘘をつく必要がある。このケースでは、アンケート調査を用いたことで悪意をもった行為から守られていることになる。より確実に良質なデータを収集するために、追加されているステップもある。たとえば回答は無記名で、調査を受ける人が安心して回答でき、率直なフィードバックが得られる。

　このような理由により、我々が考えるアンケート調査のデータを信頼することができるし、「データは少なくともこういうことを語っているだろう」と我々が想定したことに対して「実際にデータがそのように語っている」という合理的な確証が得られることになる。潜在的構成概念を用い、調査項目を慎重に検討して作成し、特定の考えを押し付けるような項目をすべて排除している。我々の測定項目が妥当性と信頼性の点で心理統計的な基準に合致するかどうか、数種類の検定を実施し確認している。さらに、我々には世界中の回答者から送られてきた膨大なデータがあり、これが誤りや悪意をもつ回答者を防ぐ役割をしている。

14.5
アンケート調査によってしか測定できない事柄がある

　アンケート調査を使ってしか測定できないものが存在する。印象・感覚・意見といったものを尋ねたいとき、こうした調査が唯一の手段である場合も多い。以前に取り上げた組織文化について再び検討しよう。

　実のところ、「組織文化」といった曖昧なものを表現するためにも客観的データが求められることが多い。客観的データは「感覚」や「感性」といったものには影響されないが、主観的データは特定の状況における感覚あるいは感性を反映する。組織文化についても、客観的な測定値（たとえば人事管理システムから得られるデータ）が求められる場合が多い。というのも、「手早くデータを収集したい」「回答者が自分の感じたことを正直には答えてくれないという心配がある」といった理由があるからだ。しかし人事システム内の何らかの「変数」によって組織文化を計測する場合、直接対応するものを見つけるのが困難なケースがほとんど、という難しさがある。たとえば、「良い」組織文化の尺度として一般に使われているのが職場の定着率であり、離職率は逆の尺度として使われる。

　ある人がチームや組織にとどまるかどうかに影響する要因は多数あるため、こうした「代替」はいくつかの問題点を含む。下に例を挙げよう。

- 従業員が他社からかなりの給料アップを提示されて退職した場合、その退職は組織文化とは何の関係もない。
- 従業員のパートナーが引っ越しを必要とする仕事を提示され、一緒に引っ越すと決めた場合、職場の文化と退職はおそらく何の関係もない。
- 従業員が他の職業に就きたいと決心したり学校に戻ったりした場合、組織文化には何の関係もなく、どちらかと言えば個人の生き方の問題だろう。実際、著者の1人が知っている事例では、非常に面倒見がよく社員教育にも力を入れているチームに属していた従業

員が、その環境があったがために自分の夢を追って新たなチャレンジを決断したケースがあった。この事例では、すばらしい組織文化を形成していたがゆえの結果として離職につながったのであって組織文化が悪影響を与えたわけではない。

- こうした測定値を故意に操作してしまうことも可能である。従業員が積極的に転職先を探していると上司が気づけば、上司はその従業員を解雇して離職者数に入らないようにしてしまうかもしれない。また逆に、チームのメンバーが定着すると上司に褒賞がある場合なら、チームからの異動を何らかの手段によって阻止しようと画策するかもしれない。

何を測定するのかがしっかりと考慮されているのであれば、離職率も有用な尺度になりうる[※2]。しかし上の例を見れば、組織文化について従業員の離職率や定着率から得られる情報を過大評価すべきではないことがわかる。たとえ何らかの情報が得られたとしても、それは我々が思っているものとは違うかもしれない。リスクの取り方、情報の共有、チーム間の情報交換といった事柄についてメンバーがどのように感じているか理解したければ、それを尋ねるしかないのだ。システムデータを使った調査も不可能ではない。たとえばネットワークトラフィックを見ればチームメンバー同士のやり取りの様子を調べられる。時間の経過とともにコミュニケーションが増えているのか減っているのかわかるだろう。さらにはメールやチャットの文章を解析して、全体的に肯定的な言葉が多いか否定的な言葉が多いかを調べるといったことも不可能ではない。しかし、職場環境をどう感じているか、職場が従業員の仕事や目標の達成をどの程度サポートしてくれていると感じているのかを知りたいなら、そして従業員が自分の前で取っている行動の理由が知りたいのなら、尋ねてみるしかない。そして、体系的かつ信頼性の高い方法で、また時を経ても比較可能な方法でそうしたことを行うのに最適な

※2 インタビューの効果を判断する手段として定着率を用いる興味深い例が[Kahneman 2011]で紹介されている。

●第14章　アンケート調査を採用する理由

のがアンケート調査なのだ。

　そして質問をする価値はある。[Google 2015]の調査研究では、「組織文化は技術・組織パフォーマンスの予測指標であり、パフォーマンスのアウトカム（デプロイ頻度、リードタイム、MTTR、変更失敗率）の予測指標である」こと、「チームのダイナミクスと心理的安全性がチームのパフォーマンスを理解する上で最重要な点である」ことが示されているのである。

❖ MEMO ❖

Chapter 15 The Data for the Project

第 15 章

データの収集方法

●第2部　調査・分析方法

　「どのようにしたら科学技術をよりよい方向に発展させることができるのか」「組織をよりよい方向にもっていくのに科学技術をどう使えばよいのか」。こうした疑問に答えを出すためにこのプロジェクトは始まった。より具体的には、ソフトウェアの開発やデリバリの分野で広まりつつあった新たな手法やパラダイムを調査したいと考え、特にソフトウェア開発の枠を超えて発展しつつあった「アジャイル」と「リーン」に焦点をあてた。いずれも「信頼関係」と「情報のフロー」を重視し、ソフトウェア開発を小さな機能横断的なチームが開発していく手法だ。このプロジェクトを開始した2014年には、こうした手法は「DevOps」と呼ばれるようになってきていた。そこで我々の調査研究のタイトルにもこの言葉を採用することにした。

　我々は4年間にわたり横断的[※1]にデータ収集を行ったが、その際にはDevOpsという用語に馴染みのある（少なくともDevOpsという言葉の入ったメールやSNSの投稿をすすんで読もうとする）専門家や組織に連絡をとり、標本（調査対象）になってもらった。調査研究でよい結果を得ようとする場合、ターゲットの母集団をしっかりと定義しなければならないが、我々の場合は、こうした専門家や組織がそれに相当する。このような戦略をとった理由は主に次の2つである。

※1　「横断的」とは、時期を限定してデータを収集することを意味する。しかしこれによって、長期にわたる変化を見る「縦断的」な分析は不可能になる（年をまたいで回答を関連づけることはされていない）。ただし、調査を4年間毎年行うことで、IT業界全体の「パターン」を観察することができた。縦断的なデータセットを収集するためには、毎年同一の人物から回答を得る必要があるが、こうすると個人情報の問題から回答率が低下してしまっただろう（そもそもチームや仕事が変わってしまう人もいる。なお現在、我々は縦断的な調査についても検討を進めている）。横断的調査法にも長所がある。一時点でのデータを集めることにより、調査の「揺れ」を減らせるのだ。

1. **データの収集対象を絞ることができる**——この調査で対象者はソフトウェアの開発やデリバリを行う職業に従事しており、所属する組織の業種はテクノロジー関連業界、あるいは小売、金融、通信、ヘルスケアほか、テクノロジーが重要な役割を果たす業界であった。
2. **DevOpsに馴染みのあるユーザーに焦点を絞ることができる**——我々の調査では対象を絞り、(DevOpsの実践者であるかどうかは問わず)より新しいソフトウェアの開発とデリバリに関する専門用語に馴染みのあるユーザーをターゲットとした。時間もスペースも限られており、「CI(continuous integration:継続的インテグレーション)」あるいは「コンフィギュレーション管理」といった背景にある概念の定義や説明に時間を費やしてしまうと、調査への回答を途中でやめてしまう恐れがあるので、これは重要である。説明文の用語の意味をいちいち調べてから回答してくれる人はごく少数だろう。

対象を絞り込んだことは我々の調査の強味の1つである。どんな調査でもすべての疑問に答えることはできないし、調査方法の決定には必ずトレードオフが伴う。「コンフィギュレーション管理」「IaC(Infrastructure-as-Code)」「CI」といった言葉に馴染みのない専門家や組織は、調査の対象外とした。これにより、我々が「ローパフォーマー」としたチームよりさらにパフォーマンスの劣る集団を調査対象から外してしまった可能性が高いので、我々の調査を見ても、たとえそうした集団のみが対象となる「真に抜本的な変革」があったとしてもそれを見つけることはできない。しかし、母集団を限定したことで我々の調査の「説明力」は向上した。ソフトウェアの開発・保守に新しい技術を取り込むことに「積極的ではない人々の行動分析を行わない」という犠牲の上に得たものだ。

このような調査方法を採用したことで、いくつか留意すべき点がある。まず、DevOpsをよく知っている人のみを対象とするので、用語の用い方に細心の注意が必要になる。つまり、回答者が自分のチームを「よ

り先進的だ」と"偽装"する可能性や、カギとなる用語にその組織独自の定義を用いている可能性を考慮しなければならない。たとえば、CIが何であるかは誰もが知っている（少なくとも知っていると主張はする）し、CIを業績向上のための必須技術とみなしている組織は多い。そこで我々は、「CIを実践しているか」といった質問は決してしなかった（少なくとも予測解析に使う質問の中ではCIについて尋ねていない）。代わりに、「コードがチェックインされたら自動化されたテストが開始されるか」といったように、CIのコア要素が実践されているかを質問するようにした。こうすることで、DevOpsに馴染みのあるユーザーを対象としたがために生じかねないバイアスを低減できる。

　調査対象を絞り込んだとはいえ、我々が発見したことの多くは、改革の真っただ中にいるチームや組織に広く当てはまると信じている。以前に我々が行った調査や、大規模組織における技術的変革を率いたことのある人々の経験や我々自身の経験がこの根拠である。たとえばバージョン管理システムの利用やテストの自動化は、チームがDevOpsやアジャイルを実践している場合でも、従来型のウォーターフォール開発の改善を目指している場合でも、プラスの効果をもたらす可能性が高い。同様に、透明性、信頼関係、イノベーションといったものの価値を認める組織文化は、テクノロジーと深く関わる組織にプラスの効果をもたらす可能性が高い。これは、パラダイムや業界に依存するものではない。健康産業や航空産業などにおいても、こうした枠組みが成果を予測する「指標」の役割をするのだ。

● 第15章 データの収集方法

　調査対象となる母集団の次は、サンプリング方法の決定だ。調査を受けてくれる人を勧誘する方法を考えなければならない。サンプリングの手法には大きく分けて「確率抽出（probability sampling）」と「非確率抽出（nonprobability sampling）」の2つがある[※2]。確率抽出を採用するには母集団の全員を把握していなければならず、調査に参加するのに平等な機会を与えなければならないため、これは採用できなかった。世界中のDevOps専門家の全リストなど存在しないのだから、これは不可能だ。以下でさらに詳細に説明しよう。

　調査データの収集にはメールやSNSを利用した。DevOpsを採用している技術者や専門家向けのメーリングリストを我々自身が構築・利用してメールを送信した（このメーリングリストの登録者は「前年の調査の参加者」「Puppet社のマーケティングデータベースに登録した人［コンフィギュレーション管理業務のため］」「Gene KimとJez Humbleが保有するデータベースへの登録者［著作や業績に興味をもった人］」など）。専門家が登録している他の複数のメーリングリストにも送信した。業界で取り上げられることの少ないグループや少数派に属するグループなどにもメールを送信するよう特に気を配った。また、SNSも活用した。著者や調査のスポンサーがリンクをツイートしたり、LinkedInに調査ページへのリンクを投稿したりした。こうして数種類の情報源から参加者を募ったので、より多くのDevOpsの専門家と接点をもつ機会が増え、次に説明するような「スノーボールサンプリング」の限界にも対処できた。

　さまざまなバックグラウンドをもつ技術者や組織に参加してもらえるよう、新しい対象者の勧誘も依頼した。このように「標本」を増やしていくこの方法は「紹介による抽出（referral sampling）」あるいは「スノー

[※2] 確率抽出は無作為抽出とも呼ばれる。無作為抽出では母集団内のすべての個体について標本として選択される確率が等しくなる。そのため一般には確率抽出が好まれるが、環境や状況によってはこれが実施できない場合がある。

ボールサンプリング（雪だるま式抽出）」と呼ばれる（標本の数が増えるにつれて、雪だるま(スノーボール)が膨らんでいくように、さらに多くの回答が得られることになる）。スノーボールサンプリングがこの調査に適したデータ収集法である理由は次のとおりである。

1. **DevOpsを活用したソフトウェア開発を行っている母集団を同定することは、困難もしくは不可能である**──税務や建築の専門家ならば国家レベルの資格があるが、ソフトウェア開発者には中央集権的な認証組織がなく、専門家のリストを入手できる公的な機関もない。また、たとえ組織図などが公開されていたとしても、職名にはDevOps関係者であることを示唆する単語が含まれていないため、一般的すぎて調査を依頼する手がかりにはならない（たとえば「ソフトウェアエンジニア」では、ウォーターフォールのチームなのかDevOpsのチームなのか区別ができない）。スノーボールサンプリングは、同定が困難な母集団を形成するようなグループの調査に適した方法なのである。

2. **対象の母集団は、研究の対象となることを好まない人々で構成されている**──技術者に関する組織的な調査研究には、最終的に労働力の削減につながる変革に利用されて来たという紛れもない（そして不幸な）歴史がある。スノーボールサンプリングは調査されることを嫌うことの多い母集団を対象とするものとして理想的である。知人に紹介されるので、ある意味の「保証」が得られる（質問がプロパガンダではないことを理解してもらえる）。さらには、調査研究を行う者の評判まで一緒に伝えてもらえるケースもある。

ただし、スノーボールサンプリングが内包する制約もある。まず最初に、「標本」（この調査の場合はメールを送られた者）が、所属する組織を代表していない可能性がある。この影響を抑えるために、できる限り多くの人を勧誘対象（情報提供者）とし、またできる限り多様な人を勧誘するよう心がけた。自分たちの調査用メーリングリストを含め数種類のメーリングリストを用い、組織の規模や国ができるだけ多様になるよう

に選択したのである。また、業界で取り上げられることの少ないグループや、どちらかというと「少数派」に属するグループなどにも、そうしたグループの運営するメーリングリストや団体を経由して接触するよう努めた。

　スノーボールサンプリングのもう1つの制約は、収集されるデータが最初の勧誘に強く影響されるという点だ。これは、少数の集団だけが対象とされて紹介を依頼され、そこから標本が拡大していった場合に問題となる。この制約に対処するため、すでに述べたように、多様な集団に属する多数の人々を調査に参加するよう勧誘した。

　この研究調査で明らかになった知見が、「この業界の実態を正確に反映していないのではないか」「抜け落ちてしまっているものがあるのではないか」という懸念があるかもしれないが、これに対しては次のような方法で対処してきた。まず第1に、毎年の結果を導くのに単にその年の調査結果に頼ったわけではないという点である。何が起こっているかをきちんと把握するために業界およびコミュニティに積極的にかかわり、我々が得た結果を業界のトレンドと比較対照して検討した。具体的には、カンファレンスの参加者、同僚や業界の友人・知人などから、調査に対するフィードバックを積極的に集め、比較検討してどのようなトレンドが生まれているかを調べた。けっして単一のデータソースに頼ったわけではない。情報の解離や齟齬が見つかった場合は、仮説を再検討していった。第2に、我々が現状に沿っていることを確認するために毎年外部から専門家を招き、仮説をレビューしてもらった。第3に、既存の文献を精査し、他の分野に見られるパターンで我々の調査に新たな洞察を与えてくれるものがないかを探した。最後に、毎年、調査法に関する意見やアイディアをコミュニティから募集し、調査方法を決定する際に取り込むようにした。

第3部
改善努力の実際

Part 3　Transformation

ソフトウェアデリバリのレベルと組織のレベルでより良いアウトカム(成果)を出すには、どのケイパビリティ(組織としての能力あるいは機能)が重要かはすでに第1部で紹介した。しかし、実際にこうした情報を自組織の改善に活用・応用するのは複雑で大変な作業である。ありがたいことに、Steve Bell、Karen Whirley Bellの両氏が本書のためにリーダーシップと組織改革に関する章を執筆し、長年の経験から得た貴重な知見を披露してくれることになった。

　両氏はリーンITのコーチングとコンサルティングの草分けで、組織の文化や状況に即した形で、メソッドに囚われないアプローチで原則やプラクティスを応用している。DevOps、アジャイル、スクラム、カンバン、リーンスタートアップ、カタ(型あるいは形)、オーベヤ(大部屋)、戦略展開などを駆使して、ハイパフォーマンスを実現するプラクティスの定着と組織全体の学習能力の強化を望む指導者に対し、指導と支援を重ねてきた。

　第3部では、両氏のING Netherlands(オランダの国際的な銀行。世界各国に3,440万人超の顧客を有し、従業員数52,000人のうち9,000人超がエンジニア)での経験を引用しつつ、リーダーシップ、管理、チームに関わるプラクティスが組織の改善を促進する理由とメカニズムを紹介する。これにより、複雑かつ動的な環境において高いパフォーマンスの維持が可能になる。

　チーム、管理、リーダーシップに関わるプラクティスの相互関係の理解や、DevOpsの採用と適切な実践、縦割り組織の解体は、いずれも必要なことではあるが、これだけではまだまだ不十分である。

　両氏はさらにその先を見越して、事業目標とその実現をしっかり見据えた組織全体の徹底改善の手法を紹介してくれている。

Chapter 16 High-Performance Leadership and Management

第16章

ハイパフォーマンスを実現するリーダーシップとマネジメント

Steve Bell + Karen Whitley Bell

● 第3部　改善努力の実際

　第11章の冒頭で本書の著者らは次のように語っている。「リーダーシップは業績に多大な影響を及ぼす。優れたリーダーは、コードの提供、優れたシステムの設計、業務管理および製品開発へのリーン原則の適用、といったチームの能力に影響を及ぼす。そしてこれらすべてが、組織の収益性、生産性、市場占有率などの組織目標に多大な影響を与える。また、顧客満足度、効率性、および組織的使命の達成などの（営利企業、非営利企業双方にとって重要な）非営利目標にも影響を与えるのである」。しかし、これに続く節で次のようにも述べている。「テクノロジーの変革におけるリーダーシップの役割は、DevOpsをめぐる話題の中で看過されてきたものの1つだ」

　なぜリーダーシップの役割は見過ごされてきたのだろうか。テクノロジー志向組織の現場関係者は、ソフトウェア開発に関してはもちろん、インフラやプラットフォームの安定性やセキュリティに関しても、常に改善を心がけているはずである。しかし、こうした業務に必要なリーダーシップ、つまりこうした業務をどう主導し、維持・管理していくべきかに関してはそれほどの注意を向けてはこなかったのだ。これはいったいなぜなのだろうか。この点に関しては従来型の大組織についても、「デジタル世代」が主な構成員の若い組織についても違いはない。この問題を考えるのに、「なぜ…だったのか」と過去を振り返るのではなく、現在あるいは未来に目を向けて考えてみたい。なぜIT分野[※1]における主導・管理の方法を改善しなければならないのか。さらに言えば、なぜ企業に属する誰もがテクノロジーの捉え方を、そしてテクノロジーとの関わり方を考え直さなければならないのか、という視点に立ってみたい。

※1　(本章を除く)本書の執筆者にならい、本章でも「IT」という語で、ソフトウェアやテクノロジーに関わる「プロセス」全体を指す。この語の表す範囲は、「ITサポート」や「ヘルプデスク」といった企業の1つの部門が担当するものよりも、はるかに広い。

●第 16 章　ハイパフォーマンスを実現するリーダーシップとマネジメント

　今日、「価値」の創出方法は大きな変革期を迎えている。そして、それは価値の**提供**方法についても同様である。さらに言えば、価値の**消費**のされ方も大きな変革期にあるといってよいだろう。「顧客体験（カスタマーエクスペリエンス）」をより好ましいものにするために、テクノロジーに関連する価値の迅速かつ効果的な構想・構築・提供が重要な差別化要因となりつつあるのだ。

　技術面から見た「最高のパフォーマンス」は競争優位性を確保するための一因に過ぎない。必要条件ではあるが十分条件ではないのだ。技術革新によって、安全かつ信頼性の高い体験を素早く提供できるようになるだろう。しかし、単に技術的な面を考えるだけでは、顧客が重視する体験はどのようなものかを知ることはできない。各チームの努力によって企業全体としての戦略をより効果的に推し進めるには、何を優先して開発していけばよいのだろうか。顧客からどう学び、どのように自分自身の行動から学んでいけばよいのだろうか。そして、こうして学んだ継続的革新の手法をどのように組織内で共有し、活用していけばよいのだろうか。

　競争優位性の維持には軽快かつハイパフォーマンスな管理体制も必要になるだろう。そしてその管理体制は、最善の顧客体験を創出するために、組織の戦略と実際の事業活動をつなぎ、アイデアから価値への流れをスムーズにし、迅速なフィードバックと学びを促し、組織内の各構成員の創造力を最大限に活用し、そうした創造力を最高の顧客体験の創出に結びつけるものでなければならない。こうした管理体制はどのようなものになるのか。理論的な話ではなく、実際の現場である。そして、理想の組織を実現するために、自身のリーダーシップを高め、チームをどう管理し、個々のプラクティスや行動をどう改善・変革していけばよいのだろうか。

16.1
ハイパフォーマンスなチームや組織を実現する管理体制

　本書（本章を除く）の著者は全体を通して、組織としてのパフォーマンスとの相関が高い（効果的な）数種類のリーンマネジメントのプラクティスを解説している。「収益性」「市場占有率」「生産性」といった具体的な目標のほか、より広範な組織の目標（単なる利益や収入にとどまらない、より高次の目標）を達成する能力との相関が認められたものである[※2]。こうしたプラクティスは、相乗的であり、かつまた相互依存的な側面をもっている。本章ではリーダーシップ、マネジメント、そしてチームとしてのプラクティスが、どのような相互作用を引き起こすのかを明らかにし、ハイパフォーマンスな組織を実現するための基本的な考え方を示すために、オランダのINGを例に議論してみよう。INGはデジタルバンキングの先駆けとして、顧客を中心に据えた戦略で金融業界では世界的に知られた存在である。この企業の変革への取り組みは今日のIT業界をリードしているものであろう。

　「単に行動を真似するだけでは不十分なのです[※3]」INGのインターネットバンキング・オムニチャネル部門のITマネージャ、ジャネス・スミット氏はこう語った。スミット氏は7年前、自チーム内の「組織的な学び」を促進する方法を見つけ出すためにさまざまな実験をしてみることを決断した。具体的に何を行ったかを示すために、ここでは読者に（仮想的にではあるが紙面で）現場を見学してもらうことにしよう（INGとしては学びの「ストーリー」が外部に広まることに抵抗はないが、実際に壁に書いてある内容の公開は避けたいところであろうから、これから

※2　第2章の「組織のパフォーマンスとデリバリのパフォーマンス」を参照。

※3　この章で引用するINGのスタッフの発言は、本章の執筆者との間で交わされたものである。

● 第16章　ハイパフォーマンスを実現するリーダーシップとマネジメント

示すのはあくまでも仮想的な例だ）。我々がINGを一日訪問して見聞し、体験したことを描写し、プラクティス、リズム、ルーティンが結合して、学びの組織を作り上げ、高いパフォーマンスや高い価値を創出している様子をお見せしよう。

　我々はスミット氏と彼の上司がチームの管理手法を見直す「ブートキャンプ」を見学するため、INGを定期的に訪問した。当初の状況は現在とはだいぶ異なっている。多くの企業と同様、スミット氏らは主要部署が置かれているのとは別の「数ある部署の1つ」で仕事をしており、組織全体の戦略遂行のための重要な実行部隊としては見なされていなかった。現在、スミット氏は本社のメインオフィス、最高幹部の部屋のすぐ下のフロアにあるゆったりとした、明るい部屋にいる。

　INGに入り、セキュリティチェックを抜けると、広いくつろぎの共用スペースがあり、庭が見渡せるラウンジや売店がある。ここは社員が集ってアイデアを出し合い、親交を深められるように設けられた場である。この広場を抜け、次に「トライブ[※4]」のための作業スペースに向かう。間もなく、左手にガラス張りの大きな部屋が現れた。これが「オーベヤ（大部屋）」で、ホワイトボードにはトライブの「リード[※5]」の業務、優先事項、作業状況が書かれており、チームメンバーの誰もが内容を確認できるようになっている。ここでスミット氏は直属の部下と定例ミーティングを開くが、部下は各戦略目標の進捗状況をすぐ把握できるわけである。オーベヤは戦略的改善、パフォーマンスのモニタリング、製品ラインのロードマップ、リーダーシップアクションの4つのゾーンに分かれおり、それぞれについて目標、（目標と現状の）ギャップ、進捗状況、問題

[※4]　「部族」、（動物を分類する際の）「族」（「科」よりも小さく「属」よりも大きなまとまり）などの意味をもつ。

[※5]　「リード（lead）」は「リーダー（leader）」と似た意味で使われるが、「1人の人が長期にわたって就く職位」というよりは、「複数の人が順次一時的にその役割を担うもの」という印象が強い。エンジニアがキャリアのさまざまな段階で多くの場合一時的に引き受ける「職責群」を表すものとして使われる。

点に関する最新情報が図示されている。また、問題点はすぐ目につきやすいよう、赤や緑で色分けされている。ITに関わる各目標が、目に見える形で企業戦略に直接結びついているのである（図16.1参照）。

図16.1　オーベヤの360度の全景

2年前にINGは、組織のあり方を大きく転換させた。事業部門ごとに分割された多次元的なマトリックス組織へと移行したのである。これによって、顧客価値に関する一連の流れ（リーンマネジメントで言うところの「バリューストリーム」）を把握できるようになった（図16.2参照）。各事業部門は、関連する製品やサービスを提供する「トライブ」から構成される（たとえば「住宅ローンサービス」のトライブ）。各トライブは、自律的に業務を遂行する「スクワッド（squad[※6]）」と呼ばれるチームの集合であり、各スクワッドは個々の顧客の課題に責任を負う（たとえば「住宅ローン申請」のスクワッド）。各スクワッドを主導するのが「プロダクトオーナー」である（IT関連のスクワッドの場合であればIT分野の「リード」が主導する）。人数は、AmazonのCEO、Jeff Bezosが提唱した「2枚のピザ」ルール（2枚のピザでは賄えないほど大人数のチームは作らないというルール）に従う。ほとんどのスクワッドには、エンジニアだけでなくマーケティング担当者も含まれており、顧客価値について共通の理解をもつ「1つのチーム」として部門横断的に協働している。INGではこうしたチーム構成を（DevOpsにBizを加えて）BizDevOpsと呼んでいる。最近INGでは、連携のための新しい仕組みが必要であるとの結論に至った。この役割を「プロダクト・エリア・リード」と呼ぶ予

※6　警察や軍隊などの「分隊」や「班」の意味をもつ。

● 第16章　ハイパフォーマンスを実現するリーダーシップとマネジメント

定だが、密接に関連する複数のスクワッドを提携させるためのものだ。当初予定していなかったこうした新たな役割が、体験と学びを通して浮上したきたのである。また、同じ専門分野のメンバーで構成された、「チャプター（Chapter）」と呼ばれるヨコの連携もある（たとえば「データ分析」のチャプター）。チャプターの目的は、複数のスクワッドを横断し、各メンバーの学びや能力向上を促す専門的知識の提供だ。そして特定の知識や技能をもつ人材（たとえば「通信の専門家」や「エンタープライズアーキテクト」など）を集めた「専門人材センター」もある。

スミット氏のオーベヤから次の部屋に移動する。組織内部の継続的改善を促すコーチである、ボガーツ、シュイヤー、ウォルホフ、ファンデルシアー、バージの各氏に同行してもらった。このコーチ陣は、リーン・リーダーシップの専門知識を有する、少人数だが有能なスクワッドを形成しており、リーダー、チャプターリード、プロダクトオーナー、IT関連分野のトップを指導している。指導される側の人々は自身が所属するチャプターやスクワッドのメンバーを指導することになるので、「テコの原理」で所属メンバー全員の行動や文化が大きく変革されていくのである。

図16.2　INGのアジャイル型組織モデル。固定した構造はなく、常に進化を続けている（ING提供）

　スミット氏のオーベヤのすぐ隣にあるのがスクワッドの作業場で、窓がある仕切りのない空間（スクワッドにとってのオーベヤ）である。壁を覆っているホワイトボードやポストイットの貼られたイーゼルパッドを見て、メンバーはリアルタイムでのパフォーマンスの監視や障害の状況をはじめとする重要な情報が確認できる。部屋には高さ調節可能

● 第16章　ハイパフォーマンスを実現するリーダーシップとマネジメント

なテーブルと椅子のセットが何列も並んでいる。立ったままパソコンに向かう者も、テーブルを挟んで向かいあってパソコンで作業する者もいる。椅子は形も色もさまざまで、職場空間を、視覚的に楽しく人間工学的に快適なものにしている。スクワッドには視覚的にも特徴がいくつかある。オーベヤのデザインには一貫性があり、共通部分についてはスクワッド外の者が見ても即座に理解できるようになっている。これにより学びの共有が促進される。目標の可視化、パフォーマンスおよびギャップの提示、新たな問題やより深刻化した問題、要望、進行中の作業（WIP: work in progress）、完了した作業は、誰が見てもすぐにわかる。要望の可視化によって、WIPに優先順位をつけ、WIPの負荷を小さく保てる。視覚的要素には違いもある。スクワッドごとに異なる部分については「どのような情報をどのように提示すれば自分たちの仕事の効率が上がるか」という観点からビジュアルが決定されている。

　我々が通りかかると、スクワッドでは、毎日行われる「手軽な学びとフィードバックの場」であるスタンドアップミーティング（以下、スタンドアップ）が行われていた。要望とWIPが書かれたホワイトボードの前に立ち、各メンバーがWIPの進捗状況、障害、完了した作業について手短に報告し、報告に応じて、ボードの内容が更新される。スタンドアップの時間は通常15分程度である。日課のスタンドアップが定例化する前に比べ、社員がミーティングにかける時間は大幅に減少した。

　スタンドアップでは問題は解決しないが、問題が迅速に解決される「ルーティン」が準備されている。解決に他のスクワッドメンバーとの協働が必要な場合は、問題の内容が掲示され、メンバー同士がその日のうちに議論する。また、解決にIT分野のリードのサポートが必要な場合、やはり内容が掲示された上で、「エスカレーション」され、上の者の助けを得ることになる。IT分野のリードは速やかに解決する場合もあれば、自身のスタンドアップで提起し、他のIT分野のリードやトライブのリードと話し合いをする場合もある。解決されれば、その情報はしかるべき

ルートを介して速やかに伝えられる。問題は解決されるまで提示されている。同様に、技術的な問題の場合は、適切なチャプターもしくは専門人材センターに伝えられる。このように、タテ方向とヨコ方向にコミュニケーションを図るパターンは指導者層にとって標準的な作業となっており、「キャッチボール」と呼ばれている（図16.3）。

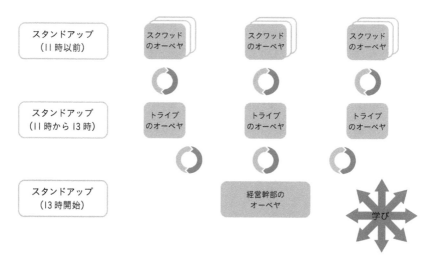

図16.3　スタンドアップにおけるキャッチボール

　コミュニケーションに関して同種の枠組みを用いることで、スクワッド間、チャプター間、専門人材センター間、そしてトライブ間で学びがリレーされることになり、組織のあらゆる場面で、タテ方向とヨコ方向に自然な「学びの流れ」が生まれることになる。こうしたことによって、企業戦略全体を支えるためにはどう製品を作り上げるのが最善かをスクワッド内部で自律的に決定でき、効果的な優先順位付けが可能になる。トライブリード（この場合スミット氏）も、スクワッドやチャプターのメンバーから学び（顧客からメンバーが直接得た教訓も含む）を得ることになる。これを参考にして、トライブリードは戦略的な目標を調整したり、同僚や上司と知見を共有したりすることができる。

● 第 16 章　ハイパフォーマンスを実現するリーダーシップとマネジメント

　学びの交換を迅速化するこのプラクティスにより、最前線のチームは戦略的な優先事項を知ることができ、一方でリーダー達は顧客体験について最前線のチームから学べることになる。このプラクティスは戦略のデプロイの一種であり、リーン開発においては「ホウシンカンリ（方針管理）」と呼ばれることがある。これはすべてのレベルにおいて、学び、テスト、検証、調整という一連のフィードバックサイクルを形成することである。このフィードバックサイクルはPlan（計画）、Do（実行）、Check（評価）、Act（改善）の頭文字をとって、PDCAと呼ばれる。

　トライブリードは、プロダクトオーナー、IT分野のリード、チャプターリードと定例スタンドアップを開くほか、定期的にスクワッドを訪ねて質問をする。ただし、「これはどうしてまだ終わっていないんだ？」といったお決まりの質問ではなく、たとえば「今ぶつかっている問題を私がよく理解できるようもう少し詳しく話してくれないか？」「今学んでいる内容を説明してくれないか？」「あなたのチームの仕事をやりやすくするには何をして欲しい？」といったものである。こうしたコーチングの姿勢がすぐに身につかないリーダーやマネージャも多い。従来型の「指揮・統制型リーダー」から「コーチとしてのリーダー」へと振る舞いを変えていくには、真の努力が必要なのだ。「コーチング」だけでなく「メンタリング」も「モデリング」も必要になる（メンタリングについては、「オムニチャネル」のトライブで試験的に行われており、ほかのトライブにも展開される予定だ）。「コーチとしてのリーダー」がなすべきことは、(1)業務を行う、(2)業務内容を改善する、(3)人の才能を開花させる、の3つだ。3つめの「人の才能を開花させる」は、自動化が進行するテクノロジーの領域では特に重要である。現在自分がしている仕事自体をなくすことになるかもしれない仕事に対して、全力を傾けられるようにするには、「自分はリーダーに評価されているのだ」と心から信頼を抱けなければならない。単に目の前の処理に対する評価ではなく、作業する上で「自身を向上させ改革する能力をもっていることを評価さ

●第3部　改善努力の実際

れている」という実感が必要なのである。仕事自体は絶えず変化していく。そうした環境の中で先頭を走る組織とは、素早く学び、適応するために一貫した行動をとり続けられる構成員のいる組織なのである。

　スクワッドのスペースからさほど遠くないところに、ガラス張りの会議用スペースがある。壁にかかったホワイトボード、プレゼン用モニター、イーゼルパッド、カラフルで快適な椅子が備わったこの部屋にジョーディ・ディ・ボス氏を訪ねた。ボス氏は新人のときからスミット氏の下で働いてきた若きエンジニアだ。チャプターリードの1人であると同時に、働き方に関する「戦略的改善」の取り組みも指揮している（先に触れたように「戦略的改善」以外にも「パフォーマンスのモニタリング」「製品ラインのロードマップ」といった取り組みがある）。ボス氏はチームセキュリティに関して学んでいることをメンバーと共有している。チームセキュリティは、（心理的なものを含め）危害を加えられたり、報復されたりすることを恐れずに、問題や障害に関してオープンに議論するために必要な安全弁の役割をするものだ。ボス氏はこのほかの研究についても語ってくれた。「学びについてどのように実験しているか」「スクワッドの間で最も共感を呼ぶものは何か」「どのような（現象として確認できる）変化が起こり、そして維持されているか」といった内容だ。スクワッドやチャプターにおいては、業務時間を所定の割合で改良作業に割り当てることになっている。ボス氏によれば、スクワッドではこうした改良作業を通常業務と同様に考えているとのことだ。

　こうした「文化」の中で働くのはどのような感じか、ボス氏に尋ねてみた。ボス氏はしばらく考えてから、次のような話を聞かせてくれた。あるとき、スミット氏のトライブは最高幹部から成果を2倍にするよう迫られていた。「納期は厳しいし、大変なプレッシャーがかかっていました。トライブリードのスミット氏はスクワッドに行って皆に『品質が十分でないものはリリースしてはならない。これについては私が上と掛け合って何とかする』と言ってくれたんです。おかげで、品質について

● 第16章　ハイパフォーマンスを実現するリーダーシップとマネジメント

は大丈夫だと思ったんです。おかげで安心して作業を進められました」

　「品質」が「早さに対するプレッシャー」に負けてしまうことは多い。チームに「スピードアップのためにゆとりをもつ」よう促すには、果敢で頼もしいリーダーの存在が不可欠である。そうしたリーダーから認められ安心すると、チームは（使いやすく目的に合うよう）品質を最優先に考えられる。こうしたことが、長い目で見ればスピード、一貫性、生産量を高め、コスト削減、遅延時間の短縮、修正の減少につながり、とりわけ、顧客の満足度と信頼を高めるのである。

　この後、さらにいくつかスクワッドの作業場やガラス張りの会議スペースを通りすぎる。同じような備品が使われてはいるものの、色やデザインなどは異なっている。経営陣のオーベヤに戻り、コーチングチームとともにヘルシーな昼食をとり、前回のINGへの訪問からの変化を振り返る。コーチングチームのメンバーは、現在の課題や、「**広くよりも深く**」を念頭に生産的な文化を育み続けるために試行中の取り組みについて、検討し合っている。とはいえ、できるだけ早くそして幅広く展開しなければならないというプレッシャーはある。現時点では、コーチングチームのメンバーの1人が、オランダ以外の2、3の国で、職場文化の変革に取り組んでいる。INGが世界の40を超える国で事業展開していることを考えれば、大きなスケールの変革を目指すのではなく、学びに重きを置いた地道な改革を目指している点は注目に値する。

　コーチ陣が試行中のもう1つの取り組みは、分散型チームの構築である。最近、スクワッドが再編成され、外国にいるメンバーが加わっているものもある。そこで、コーチングチームは、国境をまたぐスクワッド間で、同じような高いレベルのコラボレーションや学びを維持する方法を複数試みて結果を分析している（国境を越えて2枚のピザを仮想的に分け合うのは難しい…）。

　驚くことではないが、多くのシニアリーダーや、何人かのトライブリードが自分たちのオーベヤを望んでいる。コーチングチームとして

は、真の意味での学びが実現するよう、時間をかけて検討したいと考えている。変革型かつ生産的なリーダーシップは、オーベヤの壁に貼られた情報や、リーダーがそれを論じる頻度や手法だけにとどまらず、そういったものを超える影響を及ぼす。「リーダーとしては自分の行動を見つめるほうが先で、人に変化を求めるのはその後でなければなりません」とスミット氏は話す。自らがまだまだ学びの段階にいるというわけだ。まさにこの点にこそスミット氏の成功の秘密があるに違いないと我々は考えている。

昼食後、最高幹部のフロアに向かう。そこでは上級リーダーのオーベヤがいくつか作られている最中だった。偶然デニー・ウィナンド氏に出会った。主任デザインエンジニアのウィナンド氏は、昨年昇進して自身のトライブを率いているが、それまではスミット氏の下で働いていた。ウィナンド氏は、こうした新たな働き方を、スミット氏のトライブや最高幹部のフロアにとどめずに、さらに広めようと思案している。「幹部は社員に学びのスピードを上げてもらいたいと強く願っています。でも自分で経験すれば時間がかかることがわかるはずです。ストーリーを語って聞かせることは重要です。しかし、誰もが自分の身体で感じながら自分独自の方法で学ばなければならないのです」

再びトライブのフロアに戻って今度はチャプターリードであるジャン・リッコフ氏を訪ねる。このチャプターの問題解決に対する現在のアプローチについて知りたかったのである。何年かかけてこのチャプターのメンバーは、「A3マネジメント」「カタ（型）」「リーンスタートアップ」など、さまざまな問題解決法を試した結果、有益であると判明した複数の要素を組み合わせて、独自の方法を生み出した。今日の社内ウォークにおいても、複数の問題解決手法が実施されていたり、壁に掲示されていたりした。

現在の状況を綿密に調べるために、問題に関する経験と見識がある適切な人材を集めることを重視する。そうすることで、チームとして、

● 第16章　ハイパフォーマンスを実現するリーダーシップとマネジメント

単に「症状」だけでなく「根本原因」を特定するための考察が得られる。こうした学びにより、メンバーは改善につながりそうな仮説を立てる（仮説には実験によって望ましい結果が得られるかを確認するために何をどう計測すればよいのかも含まれる）。実験が成功すれば、標準作業の一部として採用し、学びを共有し、改善が持続されるようモニタリングを継続する。こうした問題解決方法を組織のあらゆるレベルの問題に適用するのである。場合によっては、最高幹部レベルが扱う問題を分析し、小さな部分に分割してチャプターやスクワッドレベルにまで落とし込んで、最前線で分析や実験を行い、学びのフィードバックを上に戻す。コーチ陣の1人、ウォルホフ氏は次のように語ってくれた。「このアプローチはうまく行きます。メンバーは変化を受け入れやすくなり、独自のアイデアを思いつき、それを試すことができるのです」。

　こうした「独自性の重視」という哲学を伴ったカラフルで創造的な業務環境においては、「標準作業」はそうした哲学の対極にあり、非生産的とも思えるかもしれない。しかし結局のところ、これこそが「ナレッジワーク」なのである。プロセス（物事のなされ方）とプラクティス（知識と判断を要する何かの実施）という概念を考えてほしい。たとえば「スクラム開発」は「プロセス」であり、「顧客のニーズを理解し、コードを書く行為」は「プラクティス」である。したがって、チームが業務を行う標準的な方法をもっている場合、その仕事が効果的なコードの提供であれ、スタンドアップの実施であれ、その標準に従うことによって、かなりの時間とエネルギーが節約される。INGの標準的な作業は、本に書かれていたり、他の企業で成功したりした方法を真似て確立したものではない。ING内の1つのチームがさまざまな方法を試し、その結果、最良の業務方法についてのチームの意見がまとまる。そして、そのリズムとルーティンが類似のあらゆるチームに広がるのである。状況の変化に応じて、標準は再評価され、改良される。

　さて、再度スミット氏と行動をともにしよう。スミット氏は経営陣の

●第3部　改善努力の実際

オーベヤに行き、その日の予定を終えるところだ。情報更新のために2、3枚のポストイットを追加し、ほかの者がどのような更新を行ったかを確認する。これまでの道のりについてどう思っているか、スミット氏に聞いてみた。「当初観察して感じたのは、我々のチームは学びもしていなければ改善に努めてもいなかったということです。継続的な学びを行うレベルにまでチームを押し上げられていませんでした。たとえば我々のチームがある問題と格闘し、他のチームはその問題の解決策をもっているという状況があったのですが、両チームを一緒にして学んでもらうということができませんでした。我々経営陣がマネジメント側として学ぶことができないと、チームのメンバーに学びを促すこともできません。学習するチームになるためには、我々自身のことを学ばなければなりません。我々［スミット氏を含むマネジメントチーム］が自分たち自身の学びを体験し、その上でチームに行き、常に学び続けるチームとなるために、メンバーが学ぶことを助けたのです」

　その後、文化の変革についてスミット氏の取り組みを聞いた。「以前は文化について話し合うことがなかったので、難しいテーマでしたし、持続的に文化を変える方法などわかりませんでした。しかし、働き方を変えると、ルーティンを変えることになり、その結果違った文化を生み出せるとわかったのです」

　「最高幹部は我々に大変満足してくれています。我々は質を伴った迅速さを実現したのです。他のチームより軌道に乗るのに時間がかかる場合もありますが、いったん軌道に乗ればその状態を維持しやすいのです。他のチームはまた前の状態に戻ってしまうことが多いのですよ」。満面の笑みを浮かべてそう語ったスミット氏は、見るからにトライブのメンバーを誇りに思っている様子だった。

16.2
リーダーシップの変革、マネジメントの変革、チームプラクティスの変革

　企業のリーダーから「文化(カルチャー)はどうやって変革すればよいのでしょうか？」と問われることが多い。

　だが、次のような質問をするべきだと思う。「どのように学ぶのがよいのでしょうか？」「ほかの人々が安心して学べるようにするにはどうすれば？」「みんなで学んだり、ほかの人から学んだりするにはどうすれば？」「新たな習慣を作り新しい文化を培(つちか)うような、新たな行動様式や新たな思考方法を、どう確立すればよいのでしょうか？」「どこから始めればよいのですか？」

　INGにおける改革は、自分に対してこうした疑問を投げかけたリーダーから始まり、このリーダーがやがて複数の有能なコーチを招聘した。コーチの役割は、さまざまな思い込みに疑問を投げかけ、これまでとは違った行動を試みるよう、(リーダー自身を含む)全員に迫るというものであった。

　リーダーはマネジメントチームを集めてこう言った。「これを一緒にやってみましょう。たとえうまく行かなくても、我々の成長に役立つ何かは学べるでしょう。参加して、何が学べるか自分の目で確かめてみませんか？」

　四半期ごとにマネジメントチームは新たに学んだことを共有するために集まり、その後、数ヵ月間その学びを現場で応用する。最初は誰もが違和感をもったが、少しずつ楽になり、ついには習慣となった。そして次の学びのサイクルでは何も考えずにやってしまうようになっていった。少し背伸びをしてやってみて、それが当たり前になると、またもう少し背伸びができるようになっている。その間、常に皆で自分たちを振り返り、必要に応じて調整していった。

●第3部　改善努力の実際

　初期の頃のあるブートキャンプを思い起こしてみよう。マネジメントチームのメンバーに、リーダーとしての単純で標準的な作業ルーチンを試すよう提案した。これまでのような長いミーティングやその場しのぎの行動をやめて、ビジュアル管理、定例のスタンドアップ、チームメンバーに対する一貫したコーチングの試行を勧告したのだ。この新たな作業方法を確立する上で、メンバーはまず、自分たちの時間の使い方を把握する必要があった。「不信感」と「戸惑い」がメンバーの反応だったが、結局は各自、数週間にわたり毎日の時間の使い方を記録・測定した。そして互いに学んだ内容を共有し、一丸となって新しい働き方を確立していった。

　3ヵ月後、再びブートキャンプを開いたとき、マネージャの1人であるマーク・ナイセン氏は言った。「もう昔の仕事のやり方には二度と戻りませんから」。リーダーの基本的な標準作業を実践したことによって、チームの効率が向上しただけでなく、メンバーがやりたいことに取り組むために勤務時間の10％を確保するという目標も達成できたのである。

　積極的に新たな思考方法や作業方法を試みたおかげで、INGは今日のような形態の企業となった。しかし「チェックリスト」や「定石集」といったものはない。この点はいくら強調してもしきれない。文化の変革は「実装（implement）」はできないものなのである。実装という考え方──他の企業の特定の行動やプラクティスを模倣しようとする考え方──は、「生産的文化」とはまったく相容れない。

　表16.1は、ここまででINGを（仮想的に）訪問して説明した数多くのプラクティスを一覧にしたものである。「*」の付いた項目は本書の調査研究によってパフォーマンスの高さとの相関が示されたプラクティスである。将来的には、ここに記載したすべてのプラクティスについて調査研究が進むことを期待したい。この表はチェックリストとしてではなく、自身の行動やプラクティスを発展させるためのガイドラインとして活用してほしい。

●第16章 ハイパフォーマンスを実現するリーダーシップとマネジメント

表16.1 チーム、マネジメント、リーダーシップのそれぞれについて、高いパフォーマンスを生む行動とプラクティスの一覧

	チームのプラクティス	マネジメントのプラクティス	リーダーシップのプラクティス
文化	*生産的文化を育む	*生産的文化を育む	*生産的文化を育む
	*質を重視し、継続的評価とモニタリングを行う	*質に焦点を絞る。質を保証できるようチームを守る	*質に焦点を絞る。質を保証できるようチームを守る
	組織的な学びの促進に焦点を絞る	組織的な学びの促進に焦点を絞る	組織的な学びの促進に焦点を絞る
		*改善とイノベーションのための時間をチームに提供する	*改善とイノベーションのための時間をチームに提供する
組織構造			*フローを重視して配置、評価、管理する(マトリックス型かつ部門横断型のバリューストリーム重視の組織構造)
		小規模、部門横断的、マルチスキルのチームを作り上げる。橋渡し的な役割を設け、チーム間のコミュニケーションと協働が容易に行えるようにする	複数のスキルをもつ人材を育成・サポートし、専門家に依存してしまうボトルネックを削減するとともに、専門技術者のコミュニティを形成する
			組織内でコーチを育成・サポートし、拡大・維持するのに必要なインフラを確立する
直接的な学びおよび連携の重視	*顧客と関わりをもち、顧客から学び、顧客とともに検証する(現場)	*顧客やチームと関わりをもち、そして学ぶ(ゲンバ)	*顧客、チーム、サプライチェーンパートナー、その他の利害関係者と関わりをもち、そして学ぶ(ゲンバ)
	*顧客価値を把握し、視覚化し、質に関する測定可能な目標を特定する	*顧客価値を把握し、視覚化し、質に関する測定可能な目標を特定する	
	*業務の一部として、創造力を磨く	*業務の一部として、創造力を磨き、チームメンバーに、こうした時間を利用した学びとイノベーションを促す	*創造力開発のための予算と時間を確保する(Googleの20%を目標に)

225

	チームのプラクティス	マネジメントのプラクティス	リーダーシップのプラクティス
戦略展開	*チームの目標を視覚化し、そうした目標が企業戦略をどう推進しているか把握する	各チームがゴールと目標を定め視覚化して、そうした目標が企業戦略をどう推し進めるかを理解し伝え合うのをサポートする（キャッチボール）	戦略を展開し、すべてのゴールや短期目標を視覚化する。こうした内容をマネージャに明確に伝え、マネージャが適切な目標や構想を立てやすくする
	*目標に向けたパフォーマンスをモニターし、視覚化する	*目標に沿ってパフォーマンスをモニターし、視覚化する	*目標に沿ってパフォーマンスをモニターし、視覚化する
			不必要な干渉を止め、プロセスの質およびチームの自律性とケイパビリティに投資する（*「承認手続がない」あるいは「ピアレビューを採用している」としたチームのほうがソフトウェアデリバリのパフォーマンスが高い）
フローの改善（分析と手順が確立された問題解決法に基づく）	ワークフローを視覚化、分析し、フローの障害を特定する（プロセスおよび価値フローのマッピングおよび分析）。*自らの業務とそれが顧客に与えるプラスの影響との関連性を把握する	ワークフローを視覚化、分析し、フローの障害を特定する（プロセスおよび価値フローのマッピングおよび分析）。各チームがより大きなバリューストリームをサポートする方法を理解する	全般的な価値フロー（エンタープライズ・アーキテクチャ）を視覚化し、分析する。フローを妨げるシステム絡みの障害を特定する。ローレベルのサポートフローのマッピングと分析に対して優先順位付けおよびサポートを行う
	顧客価値および顧客体験に対する障害、チームの目標に対する障害に優先順位を付ける	顧客価値および顧客体験に対する障害、チームの目標に対する障害に優先順位を付ける	フローを阻害するシステム絡みの障害に優先順位を付ける
	優先順位が付けられた問題に対して確立された問題解決法を適用し、根本原因を特定する	優先順位が付けられた問題に対して確立された問題解決法を適用し、根本原因を特定する	確立された解決法を複雑なシステム絡みの問題に対して適用し、戦略的改善のテーマと目標を特定する（戦略の展開）。標準的な業務を更新するために学んだことを応用する
	部門横断的で、組織全体にわたる問題をエスカレーションする	部門横断的に問題の解決法をまとめ、組織全体の問題を解決またはエスカレーションする	優先順位が付けられた問題（解決の対象）を、PDCA（フィードバックサイクル）によって適切な利害関係者の手に渡す
	根本原因に関する仮説を立て、コントロールされた実験をデザイン・実施し、結果を評価し、学んだことを伝える。必要に応じて反復し、改善点を取り込む	根本原因に関する仮説を立て、コントロールされた実験を設計・実施し、結果を評価し、学んだことを伝える。必要に応じて反復し、改善点を取り込む	全組織的なPDCAサイクルから学び、学習・改善サイクルを反復する

● 第16章　ハイパフォーマンスを実現するリーダーシップとマネジメント

	チームのプラクティス	マネジメントのプラクティス	リーダーシップのプラクティス
働き方、リズム、ルーティン	*ワークフローを視覚化、評価、モニタリングする。逸脱がないかモニタリングし、あれば適切に対処する	*ワークフローを視覚化、評価、モニタリングする。逸脱がないかモニタリングし、あれば適切に対処する	*ワークフローを視覚化、評価、モニタリングする。逸脱がないかモニタリングし、あれば適切に対処する
	*需要をMVP（実用最小限の製品）に分割し、定期的かつ頻繁にリリースする		
	*需要、WIP、完了作業を視覚化する（カンバン）	*需要、WIP、完了作業を視覚化する（カンバン）	*需要、WIP、完了作業を視覚化する（カンバン）
	*WIPを最小化し視覚化する	*WIPを最小化し視覚化する	*WIPを最小化し視覚化する
	目標の達成に必要な要求に優先順位を付ける	目標の達成に必要な要求に優先順位を付ける	目標の達成に必要な要求に優先順位を付ける
	チームの標準作業を確立し実践する（リズムとルーティン）	チームの標準作業を確立し実践する（リズムとルーティン）	チームの標準作業を確立し実践する（リズムとルーティン）
	標準的な手順でスタンドアップを毎日行い、必要に応じて問題をエスカレーションする（キャッチボール）	標準的な手順でチームのリードとスタンドアップを毎日行い、必要に応じて問題を解決、またはエスカレーションする（キャッチボール）	標準的な手順で直属の部下とスタンドアップを定期的に実施し、エスカレーションされた問題を解決する（キャッチボール）
	チームやメンバーの学びをサポートする	チームメンバーのコーチングを行い、チームの学びをサポートする	マネージャのコーチングを行い、自分もコーチングを受ける
	振り返りミーティングを定期的に実施する（業務内容と働き方）	振り返りミーティングを定期的に実施する（業務内容と働き方）	振り返りミーティングを定期的に実施する（業務内容と働き方）

（「*」はハイパフォーマンスとの相関が示されたプラクティス）

　以上、INGを（仮想）訪問して見てきたように、ツールの利用、相関が高いプラクティスの採用、順調に機能している他組織の行動の模倣、エキスパートによってデザインされたフレームワークの採用、といったことだけが高パフォーマンス文化なのではない。そのような文化を獲得するには、エビデンスに基づく実験や学びを繰り返し、各組織の状況や組織文化にふさわしい新たな協働方式を開発していかなければならない。

　「学ぶ組織」への道を切り開くには、正しい枠組みを構築しそれを保ち続けることが重要である。ハイパフォーマンスで生産的な文化をもつ組織へと発展する一助となるよう、我々の経験に基づいた提言をしておこう。

しっかりとした心構えが必要である。単にプラクティスを実践したり、ツールを利用したりというだけの話ではなく、学ぶ姿勢が重要になる。共有された組織的な学びのための環境を作り上げることが欠かせない。

- 独自のものを作り上げる。これは次の3つのことを意味する。
    - ほかの企業が採用している方法やプラクティスをコピーしようとしたり、専門家がデザインしたモデルをそのまま実行してはならない。そうしたものから学ぶことは大切だが、実験をして、自分や自分のチーム文化でうまく機能するものを採用することが重要である。
    - 大手のコンサルティング会社に委託して、組織の変革や新たな方法論、プラクティスの実践を目指してはならない。チームは、自分たちがそうした方法論（リーン、アジャイル、…）に振り回されていると感じてしまうだろう。業務プロセスが一時的に改善される可能性はあるが、その状態を保ち、改良し、さらには独自のプロセスや方法を開発するのに必要な自信やケイパビリティを身につけることはできない。
    - 自分のコーチは自分の手で育て上げる。最初はきちんとした基礎を作り上げるために外部のコーチを雇う必要があるかもしれないが、最終的には自分が自分のチームや組織を変える主体とならなければならない。変革を生む態勢の維持と規模拡大のカギはコーチングの「深さ」である。

- 自分自身も仕事のやり方を変える必要がある。最高幹部であれマネージャであれチームメンバーであれ、自ら模範的行動をとってから指導する。生産的な文化は、他者に委任せず、新たな行動を自ら示すことによって形成される。
- 自己管理を徹底する。ジャネス・スミット氏のマネジメントチームにとっても、時間の使い方を記録・検討し、部下を前にして初めてのことに挑むのは容易ではなかった。変革には自己管理と勇気が必要である。
- 忍耐をいとわない。現在の作業方法は、何十年もの年月をかけて定着したものである。行動や思考のパターンを変えて、新たな習慣を確立し、新たな文化にまで昇華するには長い時間を要する。
- プラクティスを実践する。学ぶ、成功する、失敗する、学ぶ、調整する、反復するという過程を、まずはやってみる必要がある。その際にリズムとルーティンも忘れないこと。

　新たな指導方法や作業方法を探る過程で、皆さんも周囲の関係者も、探究し、背伸びをし、間違いを犯し、正しく理解し、習得し、成長し、学びを続けていく。そして変化していく状況を見据えて、学び、順応するための、よりよく、より迅速な方法を見い出す。そうする中で、あらゆる取り組みの質と速度が向上していく。また、自分をサポートしてくれるリーダーたちを育成し、イノベーションを起こし、競争に勝つことにもなる。顧客および組織にとっての価値を、より迅速に、より効率的に高めることにもなる。本書の調査研究が示すように、リーダーシップは「組織の収益性、生産性、市場占有率などの組織目標に多大な影響を与える。また、顧客満足度、効率性、および組織的使命の達成などの非営利目標にも影響を与える」のである。

　皆さんの学びの旅が実り多きものとなりますように！

❖ MEMO ❖

Chapter 17 Conclusion

第 17 章

おわりに

●第3部　改善努力の実際

　ここ数年間にわたる最先端技術の専門家に対するアンケート調査の結果分析や、Puppet社のチームとともに行った本書の準備の過程で、パフォーマンスの高いチームや組織の実現に関して多くの事実を明らかにすることができた。

　この間、専門誌での発表を行ったり、自分たちの組織を分析・変革している同僚や知人との共同作業を行ったりしてきたが、この調査研究を通して、「デリバリのパフォーマンス」「技術的プラクティス」「文化的規範」「組織のパフォーマンス」の間の関係について、多くの画期的な発見をすることができた。

　そして、実施した調査研究のすべてにおいて、一貫して真実と証明されたことがある。

　それは、今日では大部分の組織がソフトウェアに強く依存しており、デリバリパフォーマンスは今日、ビジネスを行うどのような組織にとっても極めて重要である、という事実である。

　また、リーダーシップ、ツール、自動化、継続的な学びと改善を行う文化など、ソフトウェアデリバリのパフォーマンスに影響を与える要因は数多くあることも明らかになった。

　本書は調査研究によって我々が明らかにした事柄の集大成である。

　第1部では、我々の研究によって判明した事実を紹介した。

　なぜソフトウェアデリバリのパフォーマンスが重要であるのか、それがいかにして収益性、生産性、市場占有率といった組織的パフォーマンスの指標だけでなく、効率性、有効性、顧客満足度、組織的使命の達成といった非営利的指標にも影響するのかを考察した。

　そして、良質のソフトウェアを安定的かつ迅速に提供する能力は、規模、業種にかかわらず、あらゆる組織にとって重要な価値提供の原動力であり、差別化要因であることが明らかになった。

　第2部では、第1部で紹介した研究結果の科学的根拠をまとめ、調査手法の選定要因や採用した分析方法について説明した。

第17章 おわりに

これが本書で論じている結果の理論的な基盤となっている。
我々はまた、ソフトウェアデリバリのパフォーマンスに貢献するキーとなるケイパビリティを統計的に有意な方法で特定した。

こうしたプラクティスに関して例を挙げて考察したので、これを参考に読者の関与するチームのパフォーマンス向上に役立てていただければ幸いである。

第3部では締めくくりとして同僚のSteve BellとKaren Whitley Bellの助けを借りて組織変革のマネージメント方法について論じた。本書にまとめたケイパビリティとプラクティスを実践するとどうなるか、そうした実践によって革新的組織に何がもたらされうるか、両氏の見解が述べられている。

この本を読み終えようとしている読者は、我々がこの調査研究で学んだこと、そのすべてを活用して、読者独自の技術革新（テクノロジートランスフォーメーション）に着手する準備ができているはずである。

すでに多くの人々が自身のチームや組織で大成功を収めてきたものをベースにできるのである。

本書が助けとなって、読者自身が関与する技術、業務プロセス、職場の文化、改善サイクルなどを見直し、改良点を見い出すことを期待している。

忘れないでほしいのは、「ハイパフォーマンス」とは購入したり、真似したりできるものではないという点である。

自身のケイパビリティを高めつつ、自チームや自組織の現況や目標にしっくりくる道を模索する必要がある。

そしてこれには、絶え間ない努力、投資、集中、時間を要する。

しかし我々の調査結果に疑う余地はなく、実践するだけの価値はある。

読者諸氏の改善への模索の旅が実り多きものになるよう願うとともに、いつの日か読者のサクセスストーリーを聞かせていただく日が来るのを心待ちにしている。

❖ MEMO ❖

付録 A

改善促進効果の高いケイパビリティ

　本調査研究では、ソフトウェアデリバリのパフォーマンスを統計的に有意な形で改善できるケイパビリティ（組織全体やグループとして保持する機能や能力）を24個特定できた。その詳細を紹介・解説しているのが本書であり、この付録Aでは、その24のケイパビリティを列挙して概要を添え、詳説している章も記載した（図A.1もあわせて参照されたい）。

　我々はその24のケイパビリティを次の5つのカテゴリーに分類した。

- 継続的デリバリ
- アーキテクチャ
- 製品とプロセス
- リーン思考に基づく管理と監視
- 組織文化

　各カテゴリーのケイパビリティを以下に列挙する（順不同）。

A.1 継続的デリバリの促進効果が高いケイパビリティ

1. **本番環境のすべての成果物をバージョン管理システムで管理** —— GitHubやSubversionなどのバージョン管理を利用して、アプリケーションのコードやコンフィギュレーション、システムのコンフィギュレーション、本番環境のビルドやコンフィギュレーションを自動化するためのスクリプトなど、本番環境のすべての成果物を管理するケイパビリティである。第4章を参照。

2. **デプロイメントプロセスの自動化** —— デプロイの完全自動化（手作業による介入が不要な状態）の実現の度合いである。第4章を参照。

3. **継続的インテグレーションの実装** —— 継続的インテグレーション（Continuous Integration：CI）は継続的デリバリの実現に向けての第一歩である。CIとは「コードに定期的にチェックインし、チェックインのたびに重大な不具合(リグレッション)を発見するための迅速なテストがトリガーされ、不具合が見つかれば開発者が直ちに修正する」という開発のプラクティスである。このプロセスによって正規化されたビルドとパッケージを作成し、最終的にデプロイ、リリースする。第4章を参照。

4. **トランクベースの開発手法の実践** —— トランクベースの開発は、ソフトウェアのデプロイとデリバリにおけるパフォーマンスの予測要因となりうることが立証されている。特徴は「コードリポジトリでアクティブなブランチの数は3つ未満」「統合前のブランチとフォークの『寿命』は非常に短い（たとえば1日未満）」「アプリケーション担当チームが統合の際のコンフリクトやコードフリーズ、スタビライゼーションのためにコードへのチェックインやプルリクエストをストップする『コードロック』の期間がほとんど（あるいはまったく）ない」などである。第4章を参照。

●付録A　改善促進効果の高いケイパビリティ

5. **テストの自動化**——ソフトウェアのテストが開発プロセス全般にわたって継続的に(手作業ではなく)自動的に行われる、というプラクティスである。効果的なテストスイートは信頼性が高い。本当の不具合を探知し、リリース可能なコードだけをパスさせる。留意すべき点は「自動化テストスイートの作成と維持管理の主な責任を負うのは開発者」ということである。第4章を参照。

6. **テストデータの管理**——テストデータは慎重に維持管理しなければならず、テストの自動化においてはテストデータの管理の重要性が増しつつある。効果的なプラクティスとしては「使用しているテストスイートに適したデータを入手する」「必要なデータをオンデマンドで入手できる」「自組織のパイプラインでテストデータを調整できる」「実施できるテストの量がデータによって制限されてしまわない」などが挙げられる。ただし、自動化テストを行うのに必要なテストデータの量は常に極力少なくするべきである。第4章を参照。

7. **情報セキュリティのシフトレフト**——情報セキュリティ関連の作業を設計段階とテスト段階に組み込むことも、パフォーマンス向上の重要なカギである。具体的には「アプリケーションの情報セキュリティ関連のレビューを実施する」「情報セキュリティ担当チームをアプリケーションの設計段階からデモ段階までの全工程に参画させる」「事前に承認された情報セキュリティ関連のライブラリとパッケージを使う」「セキュリティ関連機能のテストも自動化テストスイートの一部にする」といったプラクティスが挙げられる。第6章を参照。

8. **継続的デリバリ(CD)の実践**——継続的デリバリとは「ソフトウェアを、ライフサイクル全体にわたってデプロイ可能な状態で維持する」という開発プラクティスのことで、チームはこのデプロイ可能な状態の維持を、新機能の追加よりも優先する。このプラクティスを実践すれば、チームのメンバー全員がシステムの質とデプロイ可能性に関するフィードバックを素早く入手できるので、デプロイ不能との報告を受ければ直ちに修正できる。また、本番環境へのデプロイやエンドユーザーへのデプロイも随時オンデマンドで行える。第4章を参照。

A.2 アーキテクチャ関連のケイパビリティ

9. **疎結合のアーキテクチャ**——チームがアプリケーションのテストやデプロイを、他部署との調整を要さずにオンデマンドで、どの程度実施できるかは、アーキテクチャの結合の度合いによって決まる。アーキテクチャが疎結合であれば、チームは他チームの支援や協力に頼らず独立した形で作業を進められ、それによりチームの迅速な作業と組織への価値提供とが可能になる。第5章を参照。

10. **チームへのツール選択権限の付与**——本研究では「ツールを選ぶ権限を与えられているチームのほうが継続的デリバリの能力が高く、それがソフトウェアの開発とデリバリのパフォーマンスを高める」との結果が出ている。チームの効率を上げるのに必要なものは何かを一番よく知っているのは現場担当者である。第5章を参照(製品管理の領域におけるチームの権限については第8章を参照)。

A.3 製品・プロセス関連のケイパビリティ

11. **顧客フィードバックの収集と活用**——本研究で「顧客に関するフィードバックの定期的な収集と、製品設計におけるその活用に対して、組織が積極的であるか否かが、ソフトウェアデリバリのパフォーマンスを大きく左右する」との結果が出ている。第8章を参照。

12. **全業務プロセスの作業フローの可視化**——チームにとっては、製品の開発段階から顧客対応段階に至る全業務プロセスの作業フロー(ならびに製品や機能の現況)の可視化とその十分な理解が必須である。本研究で、このケイパビリティがパフォーマンスを大きく左右することが立証されている。第8章を参照。

13. **作業の細分化**——作業は1週間未満で完成できるよう、細分化する必要がある。コツは「ブランチを使って複雑な機能を開発し低頻度でリリースするのではなく、迅速な開発が可能な機能に細分化する」というものである。この手法は機能レベルでも製品レベルでも応用できる(たとえばMVP[実用最小限の製品]を利用するのも1つの方法。MVPとは製品自体とそのビジネスモデルの「検証による学び」が可能な規模の機能だけから成るプロトタイプのことである)。作業をこうして細分化して進めれば、リードタイムもフィードバックループも短縮できる。第8章を参照。

14. **チームによる実験の奨励・実現**——チームによる実験とは、開発者が開発プロセスにおいて、チーム外の人々の承認を得なくても新たなアイデアを試したり、仕様を更新したりできる能力を指す。このケイパビリティを強化すれば、チームは革新を迅速に実現し、価値を創出できる。特に「作業を細分化して進める」「顧客フィードバックを製品設計に盛り込む」「作業フローを可視化する」といった他のケイパビリティと並行して強化すると効果が高まる。第8章を参照(このケイパビリティの技術面に関しては第4章を参照)。

A.4
リーン思考に即した管理・監視に関わるケイパビリティ

15. **負担の軽い変更承認プロセス**——本調査研究で「チーム外の変更諮問委員会(CAB：change advisory board)のレビューを義務付けるより、(ペアプログラミングやチーム内でのコードレビューなど)ピアレビューをベースにしたライトウェイトな変更承認プロセスを確立したほうが、パフォーマンスが高まる」との結果が出ている。第7章を参照。

16. **事業上の意思決定における、アプリケーションとインフラの監視結果の活用**——事業や日常レベルの作業に関する意思決定で、アプリケーションとインフラのモニタリングツールから得たデータを活かす能力。プラクティスとしては「問題が発生したら担当者を呼び出す」というやり方よりも優れている。第7章を参照。

17. **システムの健全性のプロアクティブ（予防的）なチェック**――しきい値警告と変化率警告に基づいてシステムの健全性を監視し、問題の予防的な探知と軽減を図る能力。第13章を参照。

18. **WIP制限によるプロセス改善と作業管理**――進行中の作業（WIP：Work in Progress）を制限して作業フローを管理するというのは、リーン思考の実践コミュニティではおなじみの手法である。効果的に実践すれば、プロセスの改善、スループットの増大、システムにおける制約の可視化が図れる。第7章を参照。

19. **作業の可視化による、品質の監視とチーム内コミュニケーションの促進**――ダッシュボードや内部Webサイトなどのビジュアルディスプレイを品質やWIPの監視に活用すると、ソフトウェアデリバリのパフォーマンスが向上することが立証されている。第7章を参照。

A.5
組織文化に関わるケイパビリティ

20. **（Westrum推奨の）創造的な組織文化の育成**――これは本研究で採用した組織文化の測定基準であり、航空や保健医療などきわめて複雑で高リスクな領域のシステムを専門に研究を重ねた社会学者Ron Westrumが提唱したモデルを下敷きにしている。そして本調査研究では「この測定基準で、チームと組織全体のパフォーマンスを予測できるほか、燃え尽き症候群（バーンアウト）の軽減効果も予測できること」が判明している。具体的にこの基準で測定できるのは、情報の流れ、協働・信頼関係、チーム間の仲介などのレベルである。第3章を参照。

21. **学びの奨励と支援**――自組織は、継続的な進歩を遂げる上で、「学び」を必須の要素と捉えているか。学習を「犠牲」と受け止めているか、それとも「投資」と考えているのか。これが組織の「学び」の文化を測る基準である。第11章を参照。

●付録A　改善促進効果の高いケイパビリティ

22. **チーム間の協働の支援と促進**──従来、チーム同士は「縦割り」の関係にあったが、それをどの程度脱却し、開発・運用・情報セキュリティの領域で相互連携を果たせているのかについて、そのレベルを反映するケイパビリティである。第3章および第5章を参照。

23. **有意義な仕事を可能にするツール等の資源の提供**──職務満足度の予測要因となりうるケイパビリティである。強化の**キモ**は「各構成員が困難でも有意義でやりがいのある仕事ができ、自身のスキルを活かし判断力を働かせる権限を与えられること」「各構成員が、職務を全うするのに必要なツール等の資源(リソース)を与えられること」である。第10章を参照。

24. **改善を推進するリーダーシップの実現や支援**──改善を推進するリーダーシップとは、DevOpsの実践に不可欠な技術的作業とプロセス関連作業を支援・増強するもので、次の5つの要素から成る──「ビジョン」「知的刺激」「心に響くコミュニケーション」「支援を重視するリーダーシップ」「個人に対する評価」。第11章を参照。

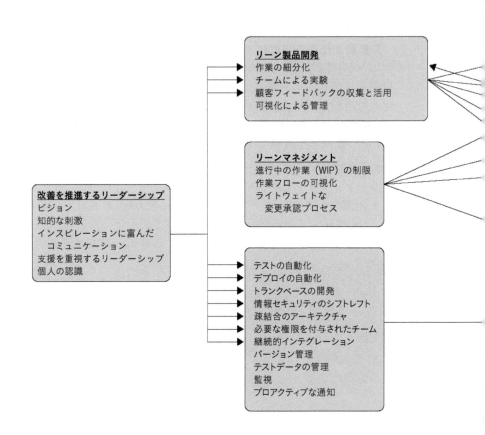

図A.1 本研究の全体の構成

● 付録 A　改善促進効果の高いケイパビリティ

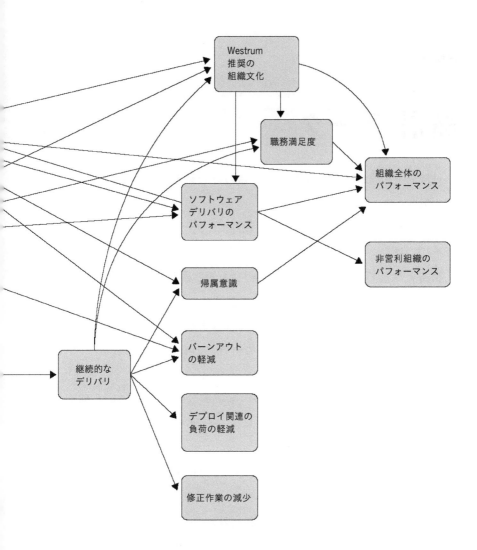

付録B

統計データ

　付録Bは本調査研究でこれまでに得られた統計データをカテゴリー別に整理した一覧である。

　まずは本調査研究で使っている「相関」と「予測」という2つの用語を概説しておく。

　相関とは2つの変数の関連性を指す。ただし関連性の強弱に限られ、一方の変数の変化が他方の変化の予測要因になるとか、一方の変化が他方のそれを誘引するといった情報までは含まない。2つの変数が連動している場合、背後に常に第3の変数の影響があるケースもあれば、単なる偶然というケースもある。

　予測は、ある構成概念がもう1つの構成概念に与える影響を前もって判断することを指すが、より厳密に言うと我々の研究では「推計予測（inferential prediction）」を用いている。これは今日、ビジネスやテクノロジーに関する研究で広く使われている分析手法の1つで、人的資源に関わるポリシーや組織的行動、モチベーションの影響を把握したり、ユーザー満足度やチームの作業能率、組織のパフォーマンスといった成果をテクノロジーがどう左右するかを測定したりする上で有用である。一方、「推論設計（inferential design）」は、純粋に実験的な設計が不可能で、現場における実験が望まれるケースに用いる。このケースは、たとえば（「無菌状態」の実験室ではなく）現実のビジネスにおいて複雑な組織でデータを収集するものの、「企業が利益を犠牲にしてでも調査担当チームが定義する対照群に適合しようとする努力」はしない状況

である。また、我々の調査研究で予測のテストに用いている分析手法は、単純な線形回帰（linear regression）や部分的最小二乗回帰（PLS回帰：partial least squares regression）などである（付録Cを参照）。

B.1
組織のパフォーマンス

- 収益性・生産性・市場占有率・顧客数で測定した組織パフォーマンスが目標レベルを上回る確率——ハイパフォーマーはローパフォーマーの2倍
- 製品・サービスの量、作業能率、顧客満足度、製品・サービスの質、組織・任務の目的の達成度で測定した非営利的パフォーマンスが目標レベルを上回る確率——ハイパフォーマーはローパフォーマーの2倍
- 初年度（2014年）にはデータの収集後に追跡調査を実施して株価データを収集し、355社を代表する1,000人強の有志回答者からの回答を分析した。その結果、株式公開企業に関して次の傾向が明らかになった（この追跡調査・分析はデータ量が少なすぎたため、2015年以降は実施していない）——ハイパフォーマーの直近3年間の株式の時価総額の伸びはローパフォーマーの場合の2倍

B.2
ソフトウェアデリバリのパフォーマンス

- ソフトウェアデリバリのパフォーマンスの4つの測定基準――「デプロイ頻度」「リードタイム」「MTTR（平均修復時間）」「変更失敗率」――を使えば、対象組織をソフトウェアデリバリのパフォーマンスのプロファイルによって分類できる。分類先は「ハイパフォーマー」「ミディアムパフォーマー」「ローパフォーマー」の3群で、どの群の内訳も年度ごとに大きく変動する

- 本調査研究で上記3群を分析すると、「パフォーマンスの改善と、速度および安定性の向上との間にトレードオフはない。パフォーマンスと速度および安定性とは連動して変化する」ということを立証するエビデンスが得られる

- ソフトウェアデリバリのパフォーマンスは、組織のパフォーマンスと非営利的パフォーマンスの予測要因になる（予測要因については第2章の「本書の図について」を参照）

- ソフトウェアデリバリのパフォーマンスの構成概念は「リードタイム」「リリース頻度」「MTTR（平均修復時間）」の3つの測定基準の組み合わせであり、「変更失敗率」は含まれない（ただし変更失敗率とこの構成概念は強く相関する）

- デプロイ頻度と、継続的デリバリおよびバージョン管理の包括的な活用との間には強い相関がある

- リードタイムと、バージョン管理およびテストの自動化との間には強い相関がある

- MTTR（平均修復時間）と、バージョンの管理・監視との間には強い相関がある

- ソフトウェアデリバリのパフォーマンスと、DevOpsへの組織の投資との間には強い相関がある

- ソフトウェアデリバリのパフォーマンスとデプロイ関連の負荷（ペイン）との間には負の相関がある。コードデプロイの負荷が増すほど、ソフトウェアデリバリのパフォーマンスと文化の質が下がる

B.3 品質

- 計画外の作業と修正
    - ハイパフォーマーは「新たな作業に費やす時間は49％、計画外の作業や修正に費やす時間は21％」と報告している
    - ローパフォーマーは「新たな作業に費やす時間は38％、計画外の作業や修正に費やす時間は27％」と報告している
    - 本調査研究の修正に関するデータは「Jカーブ」を描く——つまり、ミディアムパフォーマーはローパフォーマーより計画外の作業や修正に費やす時間が多く、ミディアムパフォーマーは32％と報告している
- 手作業
    - 「コンフィギュレーション管理」「テスト」「デプロイメント」「変更承認プロセス」のいずれのプラクティスでも、手作業の割合はハイパフォーマーのほうがミディアムパフォーマーとローパフォーマーよりも有意に小さい
    - ここでもJカーブが認められる——つまり、デプロイメントと変更承認プロセスにおけるミディアムパフォーマーの手作業の割合がローパフォーマーのそれを有意に上回るのである
    - 3群の手作業の割合を表B.1にまとめた

表B.1　手作業の割合

手作業	ハイパフォーマー	ミディアムパフォーマー	ローパフォーマー
コンフィギュレーション管理	28％	47％*	46％*
テスト	35％	51％*	49％*
デプロイメント	26％	47％	43％
変更承認プロセス	48％	67％	59％

＊コンフィギュレーション管理とテストに関しては、ミディアムパフォーマーとローパフォーマーの手作業の割合に統計的に有意な差はない

B.4
燃え尽き症候群とデプロイ関連の負荷

- デプロイ関連の負荷と、ソフトウェアデリバリのパフォーマンスおよびWestrum推奨の組織文化との間には負の相関がある
- 燃え尽き症候群(バーンアウト)と特に強く相関する要因は5つ——Westrumが推奨する組織文化(負の相関)、リーダー(負の相関)、組織による投資(負の相関)、組織のパフォーマンス(負の相関)、デプロイ関連の負荷(正の相関)

B.5
技術的ケイパビリティ

(アーキテクチャ関連のケイパビリティは次項で別に示す)

- トランクベースの開発
    - 統合の所要時間とブランチの寿命が最も短いのはハイパフォーマーで、どちらも通常、数時間から1日である
    - 統合の所要時間とブランチの寿命が最も長いのはローパフォーマーで、どちらも通常、数日から数週間である
- 技術的プラクティスによって予測されうるのは、継続的デリバリ、Westrum推奨の組織文化、帰属意識(アイデンティティ)、職務満足度、ソフトウェアデリバリのパフォーマンス、燃え尽き症候群の緩和度、デプロイ関連の負荷の緩和度、修正所要時間の削減度である
- ハイパフォーマーが情報セキュリティ関連の問題の修正に費やす時間はローパフォーマーの場合の50%

B.6
アーキテクチャ関連のケイパビリティ

- システムのタイプ（SoEやSoRなど）とソフトウェアデリバリのパフォーマンスとの間に相関はない
- ローパフォーマーは「構築中のソフトウェア——あるいは利用する必要のある一群のサービス——は、他社（外注先など）が開発したカスタムソフトウェアである」と回答する傾向が強い
- ローパフォーマーはメインフレームのシステムで作業を進めている傾向が強い
- 「メインフレーム系システムが統合の対象である」という環境と、そのチームのパフォーマンスとの間に有意な相関はない
- ミディアムパフォーマーとハイパフォーマーでは、システムのタイプとソフトウェアデリバリのパフォーマンスの間に有意な相関がない
- カプセル化された疎結合アーキテクチャはパフォーマンスを向上させる。2017年のデータでは、カプセル化された疎結合アーキテクチャが継続的デリバリの最大の貢献要因となっていた
- 最低でも1日に1回デプロイを行っている回答者の間では、チームの開発者の人数が増えるにつれて、各カテゴリーのパフォーマーのデプロイ頻度が次のように変化していた
  - ローパフォーマーではデプロイ頻度が落ちる
  - ミディアムパフォーマーではデプロイ頻度が変わらない
  - ハイパフォーマーではデプロイ頻度が有意に上がる
- ハイパフォーマーは次の3つの文に「同意できる」と回答する傾向が強い
  - テストの大半を、統合環境を必要とせずに実施できる
  - アプリケーションを、それが依存する他のアプリケーションやサービスからは独立した形でデプロイまたはリリースできる（そして実際にもデプロイまたはリリースしている）
  - 使っているのはマイクロサービスアーキテクチャのカスタムソフトウェアである

- 構築中の（あるいは統合の対象にしている）アーキテクチャのタイプ別による有意な差は認められなかった

B.7
リーンマネジメント関連のケイパビリティ

- リーンマネジメント関連のケイパビリティは、Westrum推奨の組織文化、職務満足度、ソフトウェアデリバリのパフォーマンス、燃え尽き症候群の緩和度の予測要因になる
- 変更の承認
    - 変更諮問委員会とソフトウェアデリバリのパフォーマンスとの間には負の相関がある
    - ハイリスクな変更のみの承認とソフトウェアデリバリのパフォーマンスとの間には相関関係が認められなかった
    - 「変更承認プロセスがない」もしくは「（変更承認プロセスとしては）ピアレビューを使っている」と報告したチームは、ソフトウェアデリバリのパフォーマンスのレベルが高い傾向にあった
    - 負担の軽い変更管理プロセスは、ソフトウェアデリバリのパフォーマンスの予測要因になる

B.8
リーン製品管理関連のケイパビリティ

- 実験的なアプローチで製品開発を進める能力と、継続的デリバリの実現に有効な技術的プラクティスとの間には強い相関がある
- リーン製品開発関連のケイパビリティによって予測されうるのは、Westrum推奨の組織文化、ソフトウェアデリバリのパフォーマンス、組織のパフォーマンス、燃え尽き症候群の緩和度である

B.9
組織文化関連のケイパビリティ

- 以下に挙げる測定基準と組織文化との間には強い相関がある
  - DevOpsへの組織による投資
  - チームリーダーの経験と能力
  - 継続的デリバリ関連のケイパビリティ
  - 開発・運用・情報セキュリティの担当チームが相互にウィン・ウィンの成果を上げる能力
  - 組織のパフォーマンス
  - デプロイ関連の負荷
  - リーンマネジメントのプラクティス
- Westrumが推奨する組織文化は、ソフトウェアデリバリのパフォーマンス、組織のパフォーマンス、職務満足度の予測要因になる
- Westrumが推奨する組織文化と、デプロイ関連の負荷との間には負の相関がある（コードデプロイの負荷が増せば増すほど組織文化の質が下がる）

B.10 アイデンティティ、従業員ネットプロモータースコア（eNPS）、職務満足度

- 帰属意識(アイデンティティ)は、組織のパフォーマンスの予測要因になる
- ハイパフォーマーは、従業員ネットプロモータースコア（eNPS）で測定した従業員ロイヤルティのレベルが高い。ハイパフォーマンスの組織の従業員が自分の組織を「すばらしい職場」として推奨する確率は他のカテゴリーの場合の2.2倍であった
- eNPSと次の3つのレベルとの間には有意な相関が認められた
  - 組織が顧客のフィードバックを収集し、それを製品や機能のデザインに活かしている度合い
  - 製品や機能の開発から顧客対応に至るまでの全工程の業務フローを可視化し把握するチームの能力
  - 組織の価値観と目標に対する従業員の共感度と、組織の成功に向けての従業員の貢献意欲の度合い
- ハイパフォーマンスのチームのメンバーが自分の「組織」を「すばらしい職場」として推奨する確率は他のカテゴリーの場合の2.2倍
- ハイパフォーマンスのチームのメンバーが自分の「チーム」を「すばらしい職場」として推奨する確率は他のカテゴリーの場合の1.8倍
- 職務満足度によって予測されうるのは組織のパフォーマンスである

B.11
リーダーシップ

- リーダーシップ特性に関しては、ハイパフォーマンスのチーム、ミディアムパフォーマンスのチーム、ローパフォーマンスのチームの間で有意な差が認められた
    - ハイパフォーマーは「自分のチームのリーダーは『ビジョン』『心に響くコミュニケーション』『知的刺激』『支援的リーダーシップ』『個人に対する評価』のすべてにおいて最強の言動を示せる」と報告している
    - ローパフォーマーは「自分のチームのリーダーは上記5つの特性のすべてにおいて最低レベルの能力しか持ち合わせていない」と報告している
    - 以上の差はいずれの場合も統計的に有意なものであった
- 変革型リーダーシップの特性と、ソフトウェアデリバリのパフォーマンスとの間には強い相関がある
- 変革型リーダーシップと、従業員ネットプロモータースコア（eNPS）との間には強い相関がある
- 変革型リーダーシップの特性に関する回答で上位10%に入ったチームがハイパフォーマーである確率は、残り90%のチームと比較して同等以下であった
- リーダーシップは、リーン製品開発関連のケイパビリティ（作業の細分化、チームによる実験、顧客フィードバックの収集と活用）および技術的プラクティス（テストの自動化、デプロイの自動化、トランクベースの開発、情報セキュリティのシフトレフト、疎結合のアーキテクチャ、チームへの権限の付与、継続的インテグレーション）の予測要因になる

B.12
多様性

- 全回答者のうち「自分は女性である」と答えた人は、2015年は5%、2016年は6%、2017年は6.5%であった
- 全回答者のうち33%が「自分のチームには女性がいない」と答えた
- 全回答者のうち56%が「自分のチームの女性の割合は10%未満」と答えた
- 全回答者のうち81%が「自分のチームの女性の割合は25%未満」と答えた
- 性別
  - 男性 91%
  - 女性 6%
  - 第3の性（自身のジェンダーを男女どちらかに限定しないケース）など 3%
- マイノリティ（性的少数者や少数人種）
  - 「私はマイノリティではない」と回答した人は77%
  - 「私はマイノリティである」と回答した人は12%
  - 「該当せず」と回答した人、もしくは無回答は11%

B.13
その他

- DevOpsへの投資と、ソフトウェアデリバリのパフォーマンスとの間には強い相関が認められる
- 「自分のチームはDevOpsを実践している」と報告した回答者の割合は過去4年間で増大した
    - 2014年 16%
    - 2015年 19%
    - 2016年 22%
    - 2017年 27%
- DevOpsの採用はオペレーティングシステム（OS）の種類に関係なく拡大している。このDevOpsとOSをめぐる質問を始めたのは2015年である
    - 回答者の78%が「1〜4種類のOSを使って広範にデプロイを行っている」と答えた。中でもよく使われていたのはEnterprise Linux、Windows 2012、Windows 2008、Debian/Ubuntu Linuxであった
- 図B.1は2017年度のデータの企業特性である。注目すべき点は、この年度のすべてのグループに「ハイパフォーマー」「ミディアムパフォーマー」「ローパフォーマー」の該当者がいたということである。つまり、大企業にもスタートアップにも規制の厳しい業界（金融、医療、情報通信など）にも、「ハイパフォーマー」「ミディアムパフォーマー」「ローパフォーマー」の該当者がいたということであり、重要なのは所属の業界でも組織の規模でもないということである。たとえば、規制の厳しい業界に属する大規模な組織でも、ソフトウェアの開発とデリバリのパフォーマンスを非常に高いレベルにまで向上させうるのであり、関連のケイパビリティを強化して顧客にも組織全体にも価値を提供しうるのである。

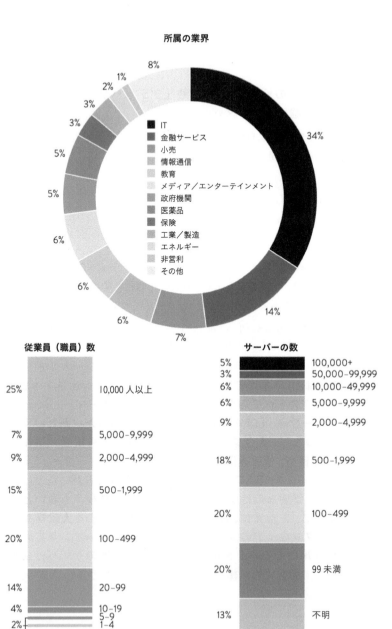

図B.1　企業特性：組織の規模、所属業界、サーバーの数（2017年）

付録 C

本調査研究で使用してきた統計的手法

　付録Cは、我々の調査研究でこれまでに用いてきた統計的手法の概要である。詳細な解説としてではなく、参考資料として活用してほしい。関連する文献も記載した。アンケート調査の設計と分析の手順にほぼ沿った形で並んでいる。

C.1
調査の準備

　毎年、アンケート調査の対象とするべき構成概念と仮説が決まったところで調査のプロセスを開始する。調査のプロセスの第1段階は手段の設計である[※1]。

　本調査では可能な限り、すでに正当性が立証済みのものを活用している。たとえば、組織のパフォーマンス[Widener 2007]や非営利的パフォーマンス[Cavalluzzo and Ittner 2004]などである。独自の測定尺度を新たに設ける場合には、広く一般に受け入れられている手順[Dillman 1978]に従って調査手段を開発している。

※1　調査モデルはどの年度にも研究論文や先行の調査結果を検討し、建設的な議論を重ねて決定している。

C.2
データの収集

調査のデザインが完了し、質問が揃ったところで、データの収集を開始する。

データの収集には、非確率論的標本抽出法の1つである「雪だるま式抽出法（スノーボール　サンプリング）」を用いている。この方法が本調査に適する理由、本調査における標本抽出の経緯、この方法の限界に対処するために我々が用いた戦略の詳細は、第15章を参照されたい。

C.3
バイアスの検定

データが収集できたら、まずバイアスの有無の検定を行う。

- **カイ二乗検定** —— 相違を調べる検定法の1つで、たとえば性別など、一般に数や量で測れない「カテゴリー変数」の期待値と実測値のズレを確認する。
- **T検定** —— 相違を調べる検定法の1つで、リッカート尺度による測定値など、尺度値をとる変数に関し、2群の平均値の差が統計的に有意か否かを調べる。本調査では初期の回答と後期の回答の相違を見るために使用した。
- **共通方法バイアス（CMB）や共通方法分散バイアス（CMV）の検定** —— これに関しては次の2つの検定を実施している。
    - **ハーマンの単一因子検定**［Podsakoff and Dalton 1987］—— 単一の因子が全項目について有意な因子負荷量を示すか否かを調べる。
    - **マーカー変数検定**［Lindell and Whitney 2001］—— 当初、有意な相関ありと判明したすべてのケースについて、構成概念間の下から2番目の正の相関となるよう修正した後も、依然として有意な相関を維持するか否かを調べる。

本調査では、これまでのところ、初期の回答と後期の回答の間にバイアスが認められたことはない。本調査の標本に関しては共通方法バイアスはないものと思われる。

C.4
相関の検定

本調査では、一般に認められている研究結果とベストプラクティスに従い、分析を2段階で行っている［Gefen and Straub 2005］。まず第1段階では、潜在的構成概念を検証し同定するための分析を行う（第13章を参照）。これにより、本調査の第2段階で対象とするに値する構成概念を選ぶことができる。

C.4.1
測定モデルの検定

- **主成分分析（PCA：principal components analysis）**――収束的妥当性の評価に有効な検定。対象の変数群の分散と共分散の構造を明らかにするために用いている。
  - PCAはバリマックス回転を用い、独立変数と従属変数を個別に分析する形で実施している［Straub et al. 2004］。
  - 実施可能なPCAは2種類ある。確証的因子分析（CFA：confirmatory factor analysis）と探索的因子分析（EFA：exploratory factor analysis）である。本調査では、ほぼすべての場合にEFAを実施してきた。EFAのほうが、推測的に1つの構造を強要あるいは示唆することなく、変数の基底構造を掘り起こせる、より厳密な検定法だからである（ただし例外がある。それは変革型リーダーシップの有効性の確認にはCFAを使ったという点で、これは文献でこの項目が確立されているためである）。項目は負荷量が0.60を超える構成概念に対して負荷すべきで、交差負荷量は使うべきではない。
- **平均分散抽出（AVE: average variance extracted）**――収束的妥当性と弁別的妥当性の評価に有効な検定で、AVEは、構成概念と計測誤差による分散の対応関係という形で分散の程度を示す指標

である。
- 収束的妥当性に関しては、AVEは0.50超が望ましい。
- 弁別的妥当性に関しては、AVEはどの構成概念の交差対角線（cross-diagonal）の相関関係（相関表の対角線にAVEの平方を置いた場合の相関関係）よりも高くなければならない。
- **相関係数** —— 2つの構成概念の相関が0.85未満のときに弁別的妥当性を評価する上で有効な検定［Brown 2006］。本調査ではピアソンの相関係数を用いている（詳細は後続の項を参照）。
- **信頼性係数**
    - **クロンバックのアルファ係数** —— 測定結果の一貫性を示す指標で、0.70以上が望ましい［Nunnally 1978］。本調査のこれまでの構成概念はいずれも、クロンバックのアルファ係数かCR（次項）が0.70以上であった。ただし、クロンバックのアルファ係数は小規模な構成概念（すなわち項目数の少ない構成概念）ではバイアスが大きくなることが知られているため、信頼性の評価ではクロンバックのアルファ係数と合成信頼性を併用している。
    - **合成信頼性（CR：composite reliability）** —— 測定結果の一貫性と収束的妥当性を示す指標。0.70以上が望ましい［Chin et al. 2003］。本調査のこれまでの構成概念はいずれも、CRかクロンバックのアルファ係数（上述）が0.70以上であった。

本調査では、上記すべての検定で合格した構成概念だけが、さらなる分析の対象に適すると見なす。「優れた計量心理測定特性を有する」と判定し、さらなる分析を行うのである。本調査でこれまでに使用してきた構成概念はいずれも、上記すべての検定で合格したものである。

C.4.2
関連性（相関と予測）および分類のための検定

第2段階では、第1段階の検定で合格した統計尺度を使って仮説を検証する。この段階で使用している統計的検定を以下に紹介する。第12章で概説したように、本調査では推計予測のための検定を行っている。つまり、本調査で対象にする仮説はすべて、さらなる理論や研究論文で補強される、ということである。予測関係の存在を示唆する支持材料が皆無の場合は、相関関係を報告するにとどまる。

- **相関係数** —— 複数の構成概念の間の関係性の強弱を示す。本調査で用いているのは、今日ビジネス関連の分析で最も広く使われている相関係数「ピアソンの積率相関」である。これは2つの変数の線形関係を「ピアソンの r（Pearson's r）」の形で評価する。ピアソンの r は単に「相関係数」と呼ばれることも多く、$-1 \leq r \leq 1$ の範囲の値をとる。2つの変数が完璧な線形関係にある場合（2つの変数がまったく同じ変化を示す場合）は $r=1$、2つの変数が正反対の変化を示す場合は $r=-1$、無相関の場合は $r=0$ になる。
- **回帰分析** —— 予測的関係を評価するための検定で、数種類ある。このうち次の2種類の線形回帰分析を本調査研究では用いてきた。
  - **部分的最小二乗回帰（PLS：partial least squares regression）** —— 2015年度から2017年度までの調査で予測的関係の評価に用いた。PLSは相関関係に基づいた回帰分析法で、本調査でこの手法を選んだ理由は3つある[Chin 2010]。
    - 結果変数の予測に最適な手法であるため。本調査では対象業界の現場担当者に役立つ結果を得ることが望ましかったため、この点は重要であった。
    - PLSでは多変量正規性が前提条件とならないため。要するに、この方法ならデータが正規分布でなくてもかまわないから、である。
    - PLSが探索的調査に最適で、本調査はまさしく探索的調査であるため。
  - **線形回帰** —— 2014年度の本調査では予測的関係の評価に線形回帰の手法を用いた。

C.5
分類のための検定

分類のための検定は構成概念に依存しないため、時を選ばずに実施できる。

- **クラスター分析** —— 本調査ではクラスター分析を採用してソフトウェアデリバリのパフォーマンスをデータ駆動で分類し、「ハイパフォーマー」「ミディアムパフォーマー」「ローパフォーマー」の3つの群(クラスター)を得た。クラスター分析では、各測定基準を別々の次元に置き、クラスター化アルゴリズムによってすべてのクラスターメンバー間の距離の最小化と、クラスター間の差異の最大化を目指す。本調査では「ウォード法(1963年)」「グループ間平均連結法」「グループ内平均連結法」「重心法」「メディアン法」の5種類の手法でクラスター分析を実施し、得られた結果を、(a)係数の変化、(b)(排除されたメンバーがほとんどなかったクラスターも含めて)各クラスターのメンバー数、(c)一変量のF値[Ulrich and McKelvey 1990]の3つの観点から比較した。そしてウォード法で得た結果が最良であったため、これを用いた。階層クラスター分析を選んだ理由は次のとおりである。
  - 階層クラスター分析は説明能力が高い(クラスター内での親子関係が明白になる)ため。
  - クラスター数をあらかじめ設定するべき理論的理由も業界基準もなかったため。つまり、クラスター数はデータ次第で自然に決まるべきだと考えたため。
  - 本調査のデータセットがさほど大規模でなかったため(階層クラスター分析はデータが極端に多いケースには向かない)。
- **分散分析(ANOVA: analysis of variance)** —— クラスターの解釈では、ソフトウェアデリバリのパフォーマンスのアウトカム(デプロイ頻度、リードタイム、MTTR、変更失敗率)の平均値をテューキーの範囲検定で事後比較した。テューキーの範囲検定を選んだのは正規性が要求されないためである。また、ダンカンの新多重範囲検定も実施して有意差を調べたが、どのケースでも結果はテューキーの範囲検定によるものと変わらなかった[Hair et

al. 2006]。クラスターの一対比較は、ソフトウェアデリバリのパフォーマンスの各変数を使って実施し、有意差による分類の結果、「同一グループ内のクラスター間では各変数の平均値に有意差はないが、異なる複数のグループのクラスター間では統計的有意差（本調査では$p < 0.10$）がある」というグループを複数得た。2016年度以外の全年度の調査で、ハイパフォーマーはどの変数でも最高のパフォーマンスを示した。また、ローパフォーマーはどの変数でも最低のパフォーマンスを示し、ミディアムパフォーマーはどの変数でも中程度のパフォーマンスを示し、差異はいずれの場合も統計的に有意なものであった（2016年度の結果については第2章の「意外な結果」のコラムを参照）。

謝辞

本書は、『State of DevOps Report（DevOpsの現況に関するレポート）』の作成と公開を目的とする、DORA社（DevOps Research and Assessment）とPuppet社の協力関係から誕生した。したがって、まずはPuppet社のチームに御礼を申し上げたい。中でもAlanna Brown氏とNigel Kersten氏には大変お世話になっている。また、State of DevOps Reportの編集担当のAliza Earnshaw氏にも謝意を表する。氏の慎重で丁寧な仕事はこのレポートには欠くべからざるものである。

同レポートでテストする仮説の構築を支援してくださった方々にも御礼を申し述べたい。Steven Bell氏とKaren Whitley Bell氏——2016年度版で、リーン製品管理を研究対象にするべきだと提案してくださり、バリューストリームと顧客フィードバックの可視性に関する理論について、チームとともに議論と研究を重ねてくださった。さらに、2017年度版でアーキテクチャの測定に関わる資料を提供してくださったNeal Ford氏、Martin Fowler氏、Mik Kersten氏、同じく2017年度版でチームによる実験に関わる助言をしてくださったAmy Jo Kim氏とMary Poppendieck氏にも御礼申し上げる。

貴重な時間を割いてくださり本書の初期の草稿に目を通してくださった方々にも御礼申し上げる——Ryn Daniels氏、Jennifer Davis氏、Martin Fowler氏、Gary Gruver氏、Scott Hain氏、Dmitry Kirsanov氏、Courtney Kissler氏、Bridget Kromhout氏、Karen Martin氏、Dan North氏、Tom Poppendieck氏。

本書出版プロジェクトにご尽力くださったAnna Noak氏およびTodd Sattersten氏を始めとするIT Revolutionチームの皆さん、ならびに校閲や索引作成等を担当してくださったDmitry Kirsanov氏とAlina Kirsanova氏にも御礼申し上げる。

Nicole Forsgrenより

　まず誰よりも共著者と共同研究者の皆さんに衷心より御礼申し上げる。皆さんなしでは本研究も本書も到底ありえなかった。私が初めて皆さんのところへお邪魔して、「ここは違っています」などと指摘させていただいたとき（そのときの私の口調、失礼じゃなかったですよね、ハンブルさん？）、皆さんは私を部屋から蹴り出したりしなかった。おかげで私はその後、忍耐力と共感力を養い、冷めかけていたテクノロジーへの愛を再燃させることができた。また、「あともう1回だけ、分析やってみて！」が口癖であるキム氏の無尽蔵の熱意と気合いは、我々の仕事を堅牢で大変興味深いものにしてくれている。加えて、本書ではPuppet社が我々のDORA社と共同で実施している『State of DevOps Report』用の調査データを使わせていただいた。特にPuppetチームのNigel Kersten氏とAlanna Brown氏からは研究のみならず本書についてもご協力とご支援をいただけたおかげで、読者の共鳴が得られる語り口を見つけることができた。校閲担当のAliza Earnshaw氏にも御礼申し上げたい。単なる校正作業にとどまらず、内容に関する踏み込んだ議論を重ねてくださったので、互いに納得が行くまでとことん擦り合わせ、素晴らしい仕上がりにすることができた。同氏は私を「細部まで厳密な配慮を怠らない」と評してくれたが、これは私にとってはこれまで生きてきた中で最高の褒め言葉である。

　また、好奇心と、卓越性を追求する心、さらに私の実力を認めない連中の批判に甘んじない負けん気を、私に植え付けてくれた父にも心からの謝意を表したい。おかげでここ数年、本当に助かっている（特に技術畑で働く女性の1人としては、これはどれも非常にありがたい気質なのだ）。がんばる私を、その目で見てもらえなくて残念です、お父さん。常に私のナンバーワンのチアリーダー兼サポーターでいてくれる母にも心からの「ありがとう」を贈りたい。どんなに突拍子のないプランを明

かしても必ず私を信じてくれる母だ。そんな両親に愛と敬意を。

さて、毎度ながら一番の、そして最大の「ありがとう」を捧げたい相手は、我が最良の友であり最初のレビュアー兼読者でもあるXavier Velasquez氏だ。嵐の真っ只中にやったあの変テコなユーザビリティ調査で「ひらめいた」ときも、博士課程で難しい方向転換を断行したときも、『State of DevOps Report』に参加したときも、この本を書いているときも、常に私を見守り、公私両面で支え、励まし、アドバイスをくれた。

そして、Suzanne Weisband先生。私は自分の幸運が信じられない。IT業界の専門家とそのツールならびに作業環境を精査し、それが作業状況にどのような影響を与えるのかを分析する、そんな研究が今後大きな意味と影響力をもつはずだ、などと突拍子もないことを言い出した博士課程の学生の指導を引き受けてくださった（これがいかに大胆な冒険か、博士課程の先生方ならわかってくださると思う）。10年後、その学生の研究は大きく発展し、DevOpsと呼ばれるようになった。特にあの最初の数年間、私の直感を信じご指導くださったWeisband先生に、心からの感謝を。先生は最高の指導教官であり、チアリーダーであり、今では私の大切な人である。

博士課程修了後の研究の指導教官でありメンターであり共同査読者でもあるAlexandra Durcikova先生とRajiv Sabherwal先生にも御礼申し上げたい。未開拓の領域における研究に付き物のリスクを承知で共同研究に参画し、研究を進める過程では多くのことを教えてくださった。私の研究手法がより堅牢なものになり、私の議論の進め方がより筋の通ったものとなり、問題空間(プロブレムスペース)を見抜く力が伸びたのは先生方のおかげである。

「ぶっ飛んだ」研究者を喜んで受け入れ、その研究に参加し、さまざまな経験を披露してくださったDevOpsコミュニティにも御礼申し上げる。皆さんは私の研究を、そして（さらに重要なことに）私自身を鍛え磨

き上げてくださった。ご恩を忘れない。

最後に、ダイエットコークにもお礼を言おう。おかげで長期にわたる本書の執筆と編集をなんとか乗り切れた。

JEZより

「本の執筆なんてもう2度とゴメンだ」と宣言してしまったあとも、変わらず支え続けてくれた妻であり永遠の大親友であるRani、本当にありがとう。かけがえのない2人に、愛と感謝を。また、執筆に追われる毎日を明るく楽しく過ごせたのは娘たちのおかげだ。さらに、コンピュータでの冒険に明け暮れた幼いぼくを愛し育ててくれた両親にも、ありがとうを言いたい。

さて、IT業界を対象にした調査と、Puppet社の発案である『State of DevOps Report』とを科学的なツールに育て上げたのがNicoleだ。「ソフトウェア製品・サービスの開発と運用に科学をどう応用すべきか」は、この業界の積年の課題だった。ソフトウェアのデリバリを支えてきたシステムがあまりにも複雑で単純化など不可能だと考えられていたのだ(そのため、任意抽出の対照実験も不可能だと考えられていた)。しかし今振り返れば解決法は明白だった――「行動科学を応用した社会システムの調査」だ。そのアプローチを入念かつ徹底的に開拓し、磨き上げ、驚異的な成果を出してくれたNicoleの功績はいくら強調しても足りない。Nicoleの共同研究者になれたこと、そしてこの研究から大いに学ばせてもらえたことは、私にとってはこの上ない栄誉である。ありがとう。

そもそもぼくがこのプロジェクトに参加できたのは、ひとえにGeneのおかげである――2012年、『State of DevOps Report』のチームに入るようにと誘ってくれた。また、この研究が、厳密性の点でもやりがいの点でも大きくレベルアップした背景には、Geneの持ち前のひたむ

きな情熱と、(トランクベースの開発に関する) ぼくの仮説や分析の正当性を検証すべくGeneがひたすら投げかけてくれた質問とがあった。

　Puppet社のチームにも御礼を申し述べたい。本研究も本書も、同チームの多大な貢献がなければ存在しえないものだ。中でもAlanna Brown氏、Nigel Kersten氏、Aliza Earnshaw氏には負うところが大きい。

GENEより

　結婚12年目の優しい妻Margueritte、そして息子たち —— Reid、Parker、Grant —— ありがとう。ぼくが大好きな仕事を続けられるのも君たちのおかげだ。締切りに追われて夜遅くまで執筆を続け、四六時中メールのやり取りをするぼくに、よく我慢してくれた。また、幼い頃からコンピュータおたく予備軍だったぼくを慈しみ育ててくれた両親(Ben KimとGail Kim)にも「ありがとう」を贈りたい。

　さて、JezとNicoleとともに進めてきたこの研究だが、これ以上に啓発的で充実したものは望みようがないし、これ以上の研究仲間は到底望めない。また、本書の執筆は我々3人にとても有益だったと心から信じている。厳密な理論の構築とテストを介しての、IT系作業の改善方法の定義に大変役立った。

　当然のことながらPuppet社のAlanna Brown氏とNigel Kersten氏にも衷心より御礼申し上げる。『State of DevOps Report』を作成・公開するプロジェクトでなんともう5年以上もお世話になってきた。この共同作業の成果の大半が本書の土台となった。

参考文献

ACMQueue. "Resilience Engineering: Learning to Embrace Failure." ACMQueue 10, no. 9 (2012). http://queue.acm.org/detail.cfm?id=2371297.

Alloway, Tracy Packiam, and Ross G. Alloway. "Working Memory across the Lifespan: A Cross-Sectional Approach." Journal of Cognitive Psychology 25, no. 1 (2013): 84-93.

Almeida, Thiago. https://www.devopsdays.org/events/2016-london/program/thiago-almeida/.

Azzarello, Domenico, Frederic Debruyne, and Ludovica Mottura. "The Chemistry of Enthusiasm." Bain.com. May 4, 2012. http://www.bain.com/publications/articles/the-chemistry-of-enthusiasm.aspx.

Bansal, Pratima. "From Issues to Actions: The Importance of Individual Concerns and Organizational Values in Responding to Natural Environmental Issues." Organization Science 14, no. 5 (2003): 510-527.

Beck, Kent, et al. "Manifesto for Agile Software." AgileManifesto.org. 2001. http://agilemanifesto.org/.

Behr, Kevin, Gene Kim, and George Spafford. The Visible Ops Handbook: Starting ITIL in 4 Practical Steps. Eugene, OR: Information Technology Process Institute, 2004.
『The Visible Ops Handbook―見える運用』(官野厚 訳、ブイツーソリューション、2006/1)

Bessen, James E. Automation and Jobs: When Technology Boosts Employment. Boston University School of Law, Law and Economics Paper, no. 17-09 (2017).

Blank, Steve. The Four Steps to the Epiphany: Successful Strategies for Products That Win. BookBaby, 2013.
『アントレプレナーの教科書［新装版］』（堤孝志、渡邊哲 訳、翔泳社、2016/1）

Bobak, M., Z. Skodova, and M. Marmot. "Beer and Obesity: A Cross-Sectional Study." European Journal of Clinical Nutrition 57, no. 10 (2003): 1250-1253.

Brown, Timothy A. Confirmatory Factor Analysis for Applied Research. New York: Guilford Press, 2006.

Burton-Jones, Andrew, and Detmar Straub. "Reconceptualizing System Usage: An Approach and Empirical Test." Information Systems Research 17, no. 3 (2006): 228-246.

Carr, Nicholas G. "IT Doesn't Matter." Educause Review 38 (2003): 24-38.

Cavalluzzo, K. S., and C. D. Ittner. "Implementing Performance Measurement Innovations: Evidence from Government." Accounting, Organizations and Society 29, no. 3 (2004): 243-267.

Chandola, T., E. Brunner, and M. Marmot. "Chronic Stress at Work and the Metabolic Syndrome: Prospective Study." BMJ 332, no. 7540 (2006): 521-525.

Chin, Wynne W. "How to Write Up and Report PLS Analyses." In: V. Esposito Vinzi, W. W. Chin, J. Henseler, and H. Wang (eds.), Handbook of Partial Least Squares. Berlin: Springer (2010): 655-690.

Chin, Wynne W., Barbara L. Marcolin, and Peter R. Newsted. "A Partial Least Squares Latent Variable Modeling Approach for Measuring Interaction Effects: Results from a Monte Carlo

Simulation Study and an Electronic-Mail Emotion/Adoption Study." Information Systems Research 14, no. 2 (2003): 189-217.

Conway, Melvin E. "How Do Committees Invent ?" Datamation 14, no. 5 (1968):28?31.

Corman, Joshua, David Rice, and Jeff Williams. "The Rugged Manifesto." Rugged-Software.org. September 4, 2012. https://www.ruggedsoftware.org/ .

Covert, Bryce. "Companies with Female CEOs Beat the Stock Market."ThinkProgress.org. July 8, 2014. https://thinkprogress.org/companies-with-female-ceos-beat-the-stock-market-2d1da9b3790a .

Covert, Bryce. "Returns for Women Hedge Fund Managers Beat Everyone Else's."ThinkProgress.org. January 15, 2014. https://thinkprogress.org/returns-for-women-hedge-fund-managers-beat-everyone-elses-a4da2d7c4032 .

Deloitte. Waiter, Is That Inclusion in My Soup ?: A New Recipe to Improve Business Performance. Sydney, Australia: Deloitte, 2013.

Diaz, Von, and Jamilah King. "How Tech Stays White." Colorlines.com. October22, 2013. http://www.colorlines.com/articles/how-tech-stays-white .

Dillman, D. A. Mail and Telephone Surveys. New York: John Wiley & Sons, 1978.

Deming, W. Edwards. Out of the Crisis. Cambridge, MA: MIT Press, 2000.

East, Robert, Kathy Hammond, and Wendy Lomax. "Measuring

the Impact of Positive and Negative Word of Mouth on Brand Purchase Probability." International Journal of Research in Marketing 25, no. 3 (2008): 215-224.

Elliot, Stephen. DevOps and the Cost of Downtime: Fortune 1000 Best Practice Metrics Quantified. Framingham, MA: International Data Corporation, 2014.

Foote, Brian, and Joseph Yoder. "Big Ball of Mud." Pattern Languages of Program Design 4 (1997): 654-692.

Forsgren, Nicole, Alexandra Durcikova, Paul F. Clay, and Xuequn Wang. "The Integrated User Satisfaction Model: Assessing Information Quality and System Quality as Second-Order Constructs in System Administration." Communications of the Association for Information Systems 38 (2016): 803-839.

Forsgren, Nicole, and Jez Humble. "DevOps: Profiles in ITSM Performance and Contributing Factors." At the Proceedings of the Western Decision Sciences Institute (WDSI) 2016, Las Vegas, 2016.

Gartner. Gartner Predicts. 2016. http://www.gartner.com/binaries/content/assets/events/keywords/infrastructure-operations-management/iome5/gartner-predicts-for-it-infrastructure-and-operations.pdf .

Gefen, D., and D. Straub. "A Practical Guide to Factorial Validity Using PLS-Graph: Tutorial and Annotated Example." Communications of the Association for Information Systems 16, art. 5 (2005): 91-109.

Goh, J., J. Pfeffer, S. A. Zenios, and S. Rajpal. "Workplace Stressors & Health Outcomes: Health Policy for the Workplace." Behavioral Science & Policy 1, no. 1 (2015): 43-52.

Google. "The Five Keys to a Successful Google Team." ReWork blog. November17, 2015. https://rework.withgoogle.com/blog/five-keys-to-a-successful-google-team/.

Hair, J. F., W. C. Black, B. J. Babin, R. E. Anderson, and R. L. Tatham. Multivariate Data Analysis, 2nd ed. Upper Saddle River, NJ: Pearson Prentice Hall, 2006.

Humble, Jez. "Cloud Infrastructure in the Federal Government: Modern Practices for Effective Risk Management." Nava Public Benefit Corporation, 2017. https://devops-research.com/assets/federal-cloud-infrastructure.pdf.

Humble, Jez, and David Farley. Continuous Delivery: Reliable Software Releases through Build, Test, and Deployment Automation. Upper Saddle River, NJ: Addison-Wesley, 2010.
『継続的デリバリー：信頼できるソフトウェアリリースのためのビルド・テスト・デプロイメントの自動化』（和智右桂、高木正弘 訳、KADOKAWA/アスキー・メディアワークス、2012/3）

Humble, Jez, Joanne Molesky, and Barry O'Reilly. Lean Enterprise: How High Performance Organizations Innovate at Scale. Sebastopol, CA: O'Reilly Media, 2014.
『リーンエンタープライズ —イノベーションを実現する創発的な組織づくり』（角征典 監修、笹井崇司 訳、オライリージャパン、2016/10）

Hunt, Vivian, Dennis Layton, and Sara Prince. "Why Diversity Matters."McKinsey.com. January 2015. https://www.mckinsey.com/business-functions/organization/our-insights/why-diversity-matters.

Johnson, Jeffrey V., and Ellen M. Hall. "Job Strain, Work Place Social Support, and Cardiovascular Disease: A Cross-Sectional Study of a Random Sample of the Swedish Working Population." American Journal of Public Health 78, no. 10 (1988):1336-1342.

Kahneman, D. Thinking, Fast and Slow. New York: Macmillan, 2011.
『ファスト＆スロー（上）：あなたの意思はどのように決まるか？』（友野典男 解説 村井章子 訳、早川書房、2014/6）
『ファスト＆スロー（下）：あなたの意思はどのように決まるか？』（友野典男 解説 村井章子 訳、早川書房、2014/6）

Kankanhalli, Atreyi, Bernard C. Y. Tan, and Kwok-Kee Wei. "Contributing Knowledge to Electronic Knowledge Repositories: An Empirical Investigation." MIS Quarterly (2005): 113-143.

Kim, Gene, Patrick Debois, John Willis, and Jez Humble. The DevOps Handbook: How to Create World-Class Agility, Reliability, and Security in Technology Organizations. Portland, OR: IT Revolution, 2016.
『The DevOpsハンドブック 理論・原則・実践のすべて』（榊原彰 監修、長尾高弘 訳、日経BP社、2017/6）

King, John, and Roger Magoulas. 2016 Data Science Salary Survey: Tools, Trends, What Pays (and What Doesn't) for Data Professionals. Sebastopol, CA: O'Reilly Media, 2016.

Klavens, Elinor, Robert Stroud, Eveline Oehrlich, Glenn O'Donnell, Amanda LeClair, Aaron Kinch, and Diane Kinch. A Dangerous Disconnect: Executives Over-estimate DevOps Maturity. Cambridge, MA: Forrester, 2017.

Leek, Jeffrey. "Six Types of Analyses Every Data Scientist Should Know." Data Scientist Insights. January 29, 2013. https://datascientistinsights.com/2013/01/29/six-types-of-analyses-every-data-scientist-should-know/.

Leiter, Michael P., and Christina Maslach. "Early Predictors of Job Burnout and Engagement." Journal of Applied Psychology 93, no. 3 (2008): 498-512.

Leslie, Sarah-Jane, Andrei Cimpian, Meredith Meyer, and Edward Freeland. "Expectations of Brilliance Underlie Gender Distributions across Academic Disciplines." Science 347, no. 6219 (2015): 262-265.

Lindell, M. K., and D. J. Whitney. "Accounting for Common Method Variance in Cross-Sectional Research Designs." Journal of Applied Psychology 86, no. 1(2001): 114-121.

Maslach, Christina. "'Understanding Burnout,' Prof Christina Maslach (U.C.Berkely)." YouTube video. 1:12:29. Posted by Thriving in Science, December 11, 2014. https://www.youtube.com/watch?v=4kLPyV8lBbs.

McAfee, A., and E. Brynjolfsson. "Investing in the IT That Makes a Competitive Difference." Harvard Business Review 86, no. 7/8 (2008): 98.

McGregor, Jena. "More Women at the Top, Higher Returns." Washington Post. September 24, 2014. https://www.washingtonpost.com/news/on-leadership/wp/2014/09/24/more-women-at-the-top-higher-returns/?utm_term=.23c966c5241d.

Mundy, Liza. "Why Is Silicon Valley so Awful to Women?" The Atlantic. April 2017. https://www.theatlantic.com/magazine/archive/2017/04/why-is-silicon-valley-so-awful-to-women/517788/.

Nunnally, J. C. Psychometric Theory. New York: McGraw-Hill, 1978.

Panetta, Kasey. "Gartner CEO Survey." Gartner.com. April 27, 2017. https://www.gartner.com/smarterwithgartner/2017-ceo-survey-infographic/.

Perrow, Charles. Normal Accidents: Living with High-Risk Technologies. Princeton, NJ: Princeton University Press, 2011.

Pettigrew, A. M. "On Studying Organizational Cultures." Administrative Science Quarterly 24, no. 4 (1979): 570-581.

Podsakoff, P. M., and D. R. Dalton. "Research Methodology in Organizational Studies." Journal of Management 13, no. 2 (1987): 419-441.

Quora. "Why Women Leave the Tech Industry at a 45% Higher Rate Than Men." Forbes. February 28, 2017. https://www.forbes.com/sites/quora/2017/02/28/why-women-leave-the-tech-industry-at-a-45-higher-rate-than-men/#5cb8c80e4216 .

Rafferty, Alannah E., and Mark A. Griffin. "Dimensions of Transformational Leadership: Conceptual and Empirical Extensions." The Leadership Quarterly 15, no. 3 (2004): 329-354.

Reichheld, Frederick F. "The One Number You Need to Grow." Harvard Business Review 81, no. 12 (2003): 46-55.

Reinertsen, Donald G. Principles of Product Development Flow. Redondo Beach: Celeritas Publishing, 2009.

Ries, Eric. The Lean Startup: How Today's Entrepreneurs Use Continuous Innovation to Create Radically Successful Businesses. New York: Crown Business, 2011.
『リーン・スタートアップ』(伊藤穰一 解説、井口耕二 訳、日経BP社、2012/4)

Rock, David, and Heidi Grant. "Why Diverse Teams Are Smarter." Harvard Business Review. November 4, 2016. https://hbr.org/2016/11/why-diverse-teams-are-smarter .

SAGE. "SAGE Annual Salary Survey for 2007." USENIX. August 13, 2008. https://www.usenix.org/system/files/lisa/surveys/sal2007_0.pdf.

SAGE. "SAGE Annual Salary Survey for 2011." USENIX. 2012. https://www.usenix.org/system/files/lisa/surveys/lisa_2011_salary_survey.pdf.

Schwartz, Mark. The Art of Business Value. Portland, OR: IT Revolution Press, 2016.

Schein, E. H. Organizational Culture and Leadership. San Francisco: Jossey-Bass, 1985.
『組織文化とリーダーシップ―リーダーは文化をどう変革するか』(清水紀彦、浜田幸雄 訳、ダイヤモンド社、1989/5)

Shook, John. "How to Change a Culture: Lessons from NUMMI." MIT Sloan Management Review 51, no. 2 (2010): 63.

Smith, J. G., and J. B. Lindsay. Beyond Inclusion: Worklife Interconnectedness, Energy, and Resilience in Organizations. New York: Palgrave, 2014.

Snyder, Kieran. "Why Women Leave Tech: It's the Culture, Not Because 'Math Is Hard.'" Fortune. October 2, 2014. http://fortune.com/2014/10/02/women-leave-tech-culture/.

Stone, A. Gregory, Robert F. Russell, and Kathleen Patterson. "Transformational versus Servant Leadership: A Difference in Leader Focus." Leadership & Organization Development Journal 25, no. 4 (2004): 349-361.

Straub, D., M.-C. Boudreau, and D. Gefen. "Validation Guidelines for IS Positivist Research." Communications of the AIS 13 (2004): 380-427.

Stroud, Rob, and Elinor Klavens with Eveline Oehrlich, Aaron Kinch, and Diane Lynch. DevOps Heat Map 2017. Cambridge, MA: Forrester, 2017. https://www.forrester.com/report/DevOps+Heat+Map+2017/-/E-RES137782.

This American Life, episode 561. "NUMMI 2015." Aired July 17, 2015. https://www.thisamericanlife.org/radio-archives/episode/561/nummi-2015.

Ulrich, D., and B. McKelvey. "General Organizational Classification: An Empirical Test Using the United States and Japanese Electronic Industry." Organization Science 1, no. 1 (1990): 99-118.

Ward, J. H. "Hierarchical Grouping to Optimize an Objective Function." Journal of the American Statistical Association 58 (1963): 236-244.

Wardley, Simon. "An Introduction to Wardley (Value Chain) Mapping." Bits or Pieces ? blog. February 2, 2015. http://blog.gardeviance.org/2015/02/an-introduction-to-wardley-value-chain.html.

Weinberg, Gerald M. Quality Software Management. Volume 1: Systems Thinking. New York: Dorset House Publishing, 1992.

Westrum, Ron. "A Typology of Organisational Cultures." Quality and Safety in Health Care 13, no. suppl 2 (2004): ii22-ii27.

Westrum, Ron. "The Study of Information Flow: A Personal Journey." Safety Science 67 (2014): 58-63.

Wickett, James. "Attacking Pipelines ? Security Meets Continuous Delivery." Slideshare.net, June 11, 2014. http://www.slideshare.net/wickett/attacking-pipelinessecurity-meets-continuous-delivery.

Widener, Sally K. "An Empirical Analysis of the Levers of Control Framework." Accounting, Organizations and Society 32, no. 7 (2007): 757-788.

Woolley, Anita, and T. Malone. "Defend Your Research: What Makes a Team Smarter ? More Women." Harvard Business Review (June 2011).

Yegge, Steve. "Stevey's Google Platform Rant." GitHub gist. 2011. https://gist.github.com/jezhumble/a8b3cbb4ea20139582fa8ffc9d791fb2 .

◆参考文献（日本語版のみ掲載）
Poppendieck, Mary. Poppendieck, Tom. Lean Implementing Software Development—From Concept to Cash. Addison-Wesley Professional. 2006.
『リーン開発の本質』（高嶋優子、天野勝、平鍋健児 訳、日経BP社、2008年）

Poppendieck, Mary. Poppendieck, Tom. Leading Lean Software Development—Results Are not the Point. Addison-Wesley Professional. 2009.
『リーンソフトウェア開発と組織改革』（依田光江 訳、依田智夫 監訳、アスキー・メディアワークス、2010年）

Poppendieck, Mary. Poppendieck, Tom. 『Lean Software Development—An Agile Toolkit. Addison-Wesley Professional. 2003
『リーンソフトウェア開発～アジャイル開発を実践する22の方法～』（平鍋健児、高嶋優子、佐野建樹 訳、日経BP社、2004年）

INDEX

記号

[ACMQ ueue 2012] 149
[Azzarello et al. 2012]
.... 123-124
[Bansal 2003] 39
[Behr et al. 2004] 63
[Bessen 2017] 7
[Blank 2013] 100
[Brown 2006] 260
[Carman et al. 2012] 88-89
[Cavalluzzo and Ittner 2004]
.... 31, 257
[Chandola et al. 2006] 113
[Chin 2010] 261
[Conway 1968] 76
[Covert January 2014] 136
[Covert July 2014] 136
[Deloitte 2013] 131
[Deming 2000] 53
[Diaz and King 2013] 132
[Dillman 1978] 257
[East et al. 2008] 172
[Elliot 2014] 159
[Foote and Yoder 1997] 72
[Forsgren et al. 2016] 80
[Gefen and Straub 2005]
.... 259
[Goh et al. 2015] 113
[Google 2015] 46, 195
[Hair et al. 2006] 262
[Humble 2017] 80
[Humble and Farley 2010]
.... 48, 52
[Humble et al. 2014] 35
[Hunt et al. 2015] 131
[Kankanhalli et al. 2005]
.... 126

[King and Magoulas 2016]
.... 159
[Klavens et al. 2017] 8, 159
[Leek 2013] 158
[Leiter and Maslach 2008]
....114
[Leslie et al. 2015] 136
[Lindell and Whitney 2001]
.... 258
[Maslach 2014] 113
[McAfee et al. 2008] 7
[McGregor 2014] 136
[Mundy 2017] 136
[Nunnally 1978] 260
[Panetta 2017] 8
[Perrow 2011] 47
[Pettigrew 1979] 39
[Podsakoff and Dalton 1987]
.... 258
[Quora 2017] 136
[Rafferty and Griffin 2004]
.... 143-144
[Reichheld 2003] 125
[Reinertsen 2009] 22-23
[Ries 2011] 100
[Rock and Grant 2016] 131
[SAGE 2008] 132
[Schein 1985] 38
[Schwartz 2016] 44
[Shook 2010] 48
[Smith and Lindsay 2014]
....131
[Snyder 2014] 136
[Stroud et al. 2017] 8
[Ulrich and McKelvey 1990]
.... 262
[Weinberg 1992] 61
[Westrum 2014] 39, 41

[Widener 2007] 31, 257
[Woolley and Malone 2011]
.... 136
[Yegge 2011] 81

数字

20%タイム 117
24 key capabilities 13
24KC 13

A

A/Bテスト 102
Amazon Web Services
.... 87, 112
analysis of variance 262
ANOVA 262
AVE 259
average variance extracted
.... 259
AWS 87

C

CAB 13, 95, 239
change advisory board
.... 95, 239
Change Approval Board 13
Chief Information Officer 140
CI 54, 236
CIO 140
CM 54
CMB 258
CMV 258
composite reliability 260
Configuration Management
.... 54
Continuous Integration
.... 54, 236
CR 260

D

DevOps 7, 14, 27, 34,
38, 77, 84, 129, 198-202

DevOpsDays 147
DevOps戦略 147
DevOps導入 116
DevSecOps 88

E

employee Net Promoter Score
.... 122
eNPS 122-125, 252-253

F

Failure Demand 63
Federal Information Security
Management Act of 2002 87
first-order construct 58
FISMA 87

G

Geek Feminism Wiki 137
GitHub 97, 236
GitHub Flow 67
Google Cloud Platform 112

H

Heroku 112

I

inferential design 244
inferential prediction 244
ING 210-212, 214,
            219, 221, 223-224, 227

K

k平均法 167

L

latent constructs 173
linear regression 245

M

Mary and Tom Poppendieck
.... 92
Mean Time to Restore 24
Microsoft Azure 112
minimum viable product 101
MTTR 24, 26, 246
MVP 101-102, 239

N

National Institute of Standards
and Technology 87
Net Promoter Score 122
Netflix 128
NIST 87
nonprobability sampling 201
NPS 122, 125, 172
NPSの測定方法 123

P

PaaS 112
partial least squares regression
.... 245, 261
PCA 259
PCIDSS 97
PDCA 217
Pivotal Cloud Foundry 112
Platform as a Service 112
PLS 261
PLS回帰 245
PMI 92
principal components analysis
.... 259
probability sampling 201
Project Include 137
Project Management Institute
.... 92
Puppet社 232
push polls 170

R

Red Hat OpenShift 112
referral sampling 201
Risk Management Framework
.... 87
RMF 87
ROI 31
Rugged DevOps 88

S

SAR 87
segregation of duties 97

Service Level Agreement
.... 187
SLA 187
SOA 81
SOD 97
SoE 13, 74, 249
SoR 13, 74, 249
Spurious Correlations 161
State of DevOps Report 157
STEM 136
Subversion 236
System of Engagement 13
System of Record 13

T

TDD 52, 65
Test-driven Development
.... 52, 65
THINK Fridayプログラム 117
T検定 258

V

VCS 189

W

Westrum 39-40, 60, 95,
    105, 174, 178, 240, 243, 248,
                                   250-251
Westrumの構成概念 44
Westrumモデル 44, 49
WIP 93, 215
WIP制限 93-94, 240, 242
Work in Progress 93, 215

X

XP 52

あ

アイデア 103
アイデア検証の速度 127
アイデンティティ
.... 122, 248, 252
アーキテクチャ 72, 82, 164,
                235, 238, 249, 253
    アーキテクチャのタイプ 250
アジャイル 52

281

アジャイル開発 103
アジャイルソフトウェア開発宣言
....60, 92
アーティファクト 38-39
アプリケーションアーキテクチャ
....69
アプリケーションの質 61
新たな作業 30, 62-63, 247
アンケート調査
.....................157, 167, 184, 190-193
　アンケート調査の設計と分析
....257
安定性 14, 78

【い】
意思決定 239
一個流し生産 23
異動 148
意味 186
嫌がらせ 136
因果関係 161
因果的分析 165
インスピレーション 242

【う】
ヴァンガード規格 63

【え】
エクストリームプログラミング
....52
エビデンス 12
エンゲージメント 6, 122
エンジニア 82
エンタープライズアーキテクチャ
....69

【お】
横断的 198
押しつけ調査 170
オーバーヘッド 78
オーベヤ 211, 214, 219

【か】
回帰分析 261
改善 54, 148, 241
改善を推進 242

階層的クラスター分析 167
書いたコードの量 18-19
ガイドライン 224
カイ二乗検定 258
概念的な測定 181
開発 22, 242
開発完了 86
外部顧客 81
科学的根拠 232
学習 35, 128, 147
学習環境の形成 149
革新力 46
隔離スイート 65
確率抽出 201
可視化 93, 238, 240, 242
過重労働 114
カスタマーエクスペリエンス
....209
加速 79
加速化 6
価値観 38-39
　価値観のズレ 115
価値提供の原動力 232
頑張 89
監視 235, 242
勘定系システム 13
完全な測定 189
勧誘対象 202
管理 235, 242
　管理の可視化 102
管理者の役割 146
管理体制 210
官僚的 35, 39-40, 43, 174

【き】
機会 150
機械論的分析 165
基幹系システム 13
企業特性 256
技術的ケイパビリティ 248
技術的負債 147

技術的プラクティス 105, 109,
　　　115, 118-119, 232, 248,
　　　　　　　　　　250, 253
記述的分析 159
記述統計 159
規制強化 6
帰属意識 59-60, 122,
　　　　125, 128, 243, 248, 252
　帰属意識の強化 126
偽の相関 161-162
基本前提 38
逆コンウェイ戦略 76
キャッチボール........................216
共通方法バイアス 258
共通方法分散バイアス 258
協働 148
協働方式 227
業務の隔離 97

【く】
組み込みソフトウェア 74
クラスター分析 25, 262
クラスタリング........................167
クリーニング 186
グレース・ホッパー記念会議
....137
クロンバックのアルファ係数
....260

【け】
計画外の作業と修正 247
継続的インテグレーション
............8, 54, 59, 110, 242, 253
　継続的インテグレーションの
　実装 236
　継続的インテグレーションの
　プラクティス 67
継続的改善 9
継続的テスト 55
継続的デプロイメント 23

継続的デリバリ 8, 34,
　　48-49, 52-53, 55-57, 60-61,
　　63, 98, 102, 105, 109, 119, 126,
　　129, 164, 235, 248, 250
継続的デリバリの一次的
　構成概念 58
継続的デリバリの効果
　..................................... 56, 61
継続的デリバリの実践 237
継続的デリバリの促進要因
　.. 59
継続的デリバリの導入 69
継続的デリバリの
　プラクティス 57, 64, 127
継続的なデリバリ 243
ケイパビリティ 7, 9-11,
　　13-15, 56-58, 64, 74, 101-102,
　　105, 128, 140, 180, 233,
　　235-238, 249-251, 253
計量心理学 41
計量心理学的性質 179
計量心理測定特性 260
権限 242
権限の付与 253
権限をもつチーム 59
顕在変数 173
研修 147
健全性 240
検定 179, 259, 261
権力構造 35
権力志向 39-40

こ

構成概念 32, 175, 259
　　Westrumの構成概念 44
　　構成概念の分析 42
構成管理 54
合成信頼性 260
行動の模倣 227
公平性の欠如 115
顧客体験 209
顧客フィードバック
　..................... 102, 238, 242, 253
顧客満足度 102-103
国立標準技術研究所 87
心に響く 142-143, 145
個人の価値観 127
個人の認識 242
コーチング 217
コーチングチーム 219
コードフリーズ 67
コードレビュー 96
コミュニケーション 242
コミュニケーション能力
　............................. 142-143, 145
コンフィギュレーション管理
　.. 247
コンプライアンス 87
根本原因 221
混乱の壁 21

さ

災害復旧テスト 149
再構築 27
作業管理 240
作業の可視化 240
作業の細分化
　..................... 102, 239, 242, 253
作業の引き継ぎ 112
作業フロー 242
作業フローの可視化 238
サーバの数 256
サービス指向 77
サービス指向アーキテクチャ
　.. 81
差別 136
差別化要因 232

し

支援的リーダーシップ
　............................. 142-143, 145
資源の提供 241
自己管理 229
仕事 115

システムデータ
　..................... 181, 184, 187, 189, 191
システムの安定性 96
システムの健全性 240
システムのタイプ 73, 249
私生活へのマイナス 115
実験 128, 147, 227, 242, 253
実験の奨励・実現 239
実装 224
質的調査研究 157
失敗 150
失敗からの学び 114
実用最小限の製品
　............................... 101-102, 239
自動化 75, 110, 232, 242
自動化テスト 65
指導者の影響力 116
指標 200
シフトレフト 56, 59, 85,
　　　　　　　110, 237, 242, 253
社会的少数者 134
習慣 229
従業員エンゲージメント 124
従業員ネットプロモーター
　スコア 122, 252-253
従業員の推奨者正味比率 ... 122
従業員ロイヤリティ 122
就業時間内 117
収集 186
修正 61
修正作業 60
　修正作業の減少 243
修正所要時間の削減度 248
収束的妥当性
　......................... 42, 177, 259-260
主成分分析 259
手法 18
寿命 67
主流メディア 170
紹介による抽出 201
障害の予防的通知 180

283

症状 221
少数人種 134
承認テスト 65
情報セキュリティ
 .... 56, 59, 68, 84-87, 242
 情報セキュリティの
 シフトレフト 56, 59,
  110, 237, 253
 ⇒ シフトレフト
情報提供者 202
職務満足度 127, 129, 243,
  248, 250-252
職務満足度の影響 129
女性 131, 254
所属業界 256
自律性の欠如 115
進行中の作業 215, 240, 242
信頼関係 148
信頼性 24, 42
信頼性係数 260
心理的安全性 195

す

推計 163
推計分析 164
推計予測 244
推計予測的分析 32, 163
推奨者 123, 125
推奨者正味比率 122
推論設計 244
スクラム 52
スクラム開発 221
スクワッド 211, 214
スケーラブル 7
スタンドアップ 216
スタンドアップミーティング
 215
スノーボールサンプリング
 .... 202, 258
すばらしい職場 252

せ

成果 82

生産的 227
生産的な文化 229
成熟度 9
製品 235
製品 238
製品開発 102
製品管理 104
製品デリバリのリードタイム
 22
製品ラインのロードマップ 218
セキュリティアセスメント
レポート 87
セキュリティ基準 97
設計 22
説明責任調査 170
セーフガード 179
全業務プロセスの作業フローの
可視化 238
線形回帰 245, 261
潜在的構成概念
 .... 173, 175, 177, 181, 259
潜在的リスク 6
選択 150
選択権限 238
戦略的改善 218
戦略展開 226

そ

相関 244, 261
相関関係 34, 161, 260-261
相関の検定 259
創造的 39-40, 43, 59,
  104, 128-129, 174, 240
測定尺度 257
測定手法 18
 測定手法の問題点 18
測定対象 175
測定モデルの検定 259
速度 14, 18-19
疎結合 76, 249, 253
 疎結合のアーキテクチャ
 .... 59, 75, 78, 110, 238, 242

組織 252
 組織の規模 256
 組織のパフォーマンス 31,
  45-46, 100-101, 104-105,
  108, 117, 126-127, 129, 164,
  232, 245, 250-252, 257
組織構造 225
組織全体のパフォーマンス
 .... 60, 128-129, 144, 232, 243
組織の価値観 118
組織文化 34, 38, 45, 48,
 60, 101, 104, 116, 125, 128, 148,
 173-174, 178, 227, 235, 240,
  243, 248, 250-251
 推奨する組織文化 49
 組織文化の尺度 193
 組織文化の浸透度 ... 128-129
 組織文化の促進 95, 105
 組織文化の促進要因 49
 組織文化の測定 38, 41
 組織文化のモデル化 38
 組織変革のマネージメント
 233
ソフトウェアデリバリ 12, 58
 ソフトウェアデリバリの
 パフォーマンス 14-15,
 18, 25, 30, 32, 34, 45-47, 57,
 59-60, 68, 95, 101, 104-105,
 108-110, 127, 164, 180, 235,
  243, 246, 248-251, 253

た

第3の性 132, 254
第一次調査研究 156
代替 193, 181
大統領令 171
第二次調査研究 156
多変量解析 166
多様性 131, 136, 254
探索的分析 160
弾力性 46

ち

チェックリスト 224
知識は力なり 147
知的刺激 142-143, 145
知的な刺激 242
チーム 80, 239, 242, 252
　チーム間の協働 241
　チーム相互の関係性 149
　チームダイナミクス 195
　チーム内コミュニケーション
　.. 240
　チームによる実験
　................... 102-103, 242, 253
　チームの協働 148
　チームのパフォーマンス
　......................................195, 233
　チームのプラクティス 225
　チームへのツール選択権限の
　付与 238
チームメンバー 116
チームリーダー 116
チャプター 211, 214
チャプターリード 214, 218
忠誠心 122
中立者 123
調査結果 18
調査結果の信頼性 18
調査研究 167
調査手法 232
調査対象 198-200
調査の準備 257
賃金不平等 136

つ

ツール 80, 227, 232, 241
ツール選択権限の付与 238

て

デザイン 102, 103
手作業 111, 247
デジタル世代 208
テスト 22, 242, 247
テスト駆動開発 52, 65

テストダブル 77
テストデータ 242
テストデータの管理
.... 59, 66, 237
テストの自動化
.... 59, 65, 237, 253
テスト容易性 75
データ間の関連 160
データの海でフィッシングする
.... 163
データの収集 258
デプロイ 13, 22-23, 58, 242
　デプロイ件数 78-79
　デプロイの自動化 253
　デプロイの頻度
　........................... 23, 25-26, 28
　デプロイの容易性 75, 111
　デプロイ頻度 14, 246, 249
　デプロイ負荷 34
　デプロイメント 247
　デプロイ関連の負荷 60-61,
　　　　78, 108-109, 111, 116,
　　　　118-119, 246, 248, 251
　デプロイ関連の負荷の緩和度
　.. 248
　デプロイ関連の負荷の軽減
　.. 243
デプロイメントの自動化 59
デプロイメントパイプライン
.... 96
デプロイメントパイプライン
ツール 97
デプロイメントプロセスの
自動化 236
デプロイ容易性 ⇒ デプロイの容
易性
デモデイ 150
デリバリ 8, 22
デリバリのパフォーマンス
.... 31, 64, 72-73, 98, 232
テンポ 24, 78

と

統計解析 173
統計的手法 257
統計的データ分析 158
投資 74, 116, 246
投資利益率 31
独自 228
独自性の重視 221
トヨタ生産方式 92
トライブ 211, 214
トライブリード 214, 218
トランクベース 242
トランクベースの開発
.... 59, 66, 248, 253
トランクベースの開発手法の
実践 236
トランプ大統領 171
トレードオフ 27

な

内部顧客 81
ナレッジワーク 221

に

人間関係の断絶 115
忍耐 229

の

能力向上 147
ノンバイナリージェンダー 132

は

バイアス 186, 259
バイアスの検定 258
ハイパフォーマー 26-27,
　　　30-31, 47, 62, 75, 79, 88, 124,
　　　144, 245-249, 252-253, 255,
　　　　　　　　210, 227, 233
バージョン管理 59, 64, 242
バージョン管理システム
....189, 236
バージョンコントロール 110
働き方 227
ハッカソン 147
パッケージソフトウェア 74

285

バッチサイズ 23
バッチ処理 53, 63
パフォーマンス
　⇒ 組織全体のパフォーマンス
　⇒ 組織のパフォーマンス
　⇒ ソフトウェアデリバリの
　　　パフォーマンス
　⇒ チームのパフォーマンス
　⇒ デリバリのパフォーマンス
　⇒ 非営利組織の
　　　パフォーマンス
　⇒ 非営利的パフォーマンス
パフォーマンスの向上 12, 104
パフォーマンスのモニタリング
.... 218
ハーマンの単一因子検定.. 258
早さに対するプレッシャー 219
バリューストリーム 84
バーンアウト 34, 78,
　　　101, 104, 108, 113-118, 248
　⇒ 燃え尽き症候群
バーンアウトの軽減
.... 95, 105, 243
バーンアウトの対処法 116

ひ

非営利組織のパフォーマンス
.... 243
非営利的指標 232
非営利的パフォーマンス
.... 245, 257
非確率抽出 201
ビジュアルディスプレイ 93-94
ビジョン 242
ビジョン形成力 142-143, 145
批判者 123, 125
ヒューマンエラー 47
評価 142-143, 145
標準作業 221, 224
標本 159, 198, 202
標本抽出 258
ビルド 22

疲労困憊 113, 115
品質 53, 61, 219, 247
品質の監視 240

ふ

ファジーフロントエンド 22
フィードバック
.... 58, 103, 238, 242
フィードバックループ 239
フェイリュアデマンド 63
不健全 39-40, 174
不十分な報奨 115
プッシュ・ポール 170-171
ブートキャンプ 224
部分的最小二乗回帰
.... 245, 261
不明確な言葉遣い 172
プラクティス
.... 7, 49, 221, 227, 233
不良データ 179
フレームワーク 80
プロアクティブな通知 ... 59, 242
プロジェクトマネジメント協会
.... 92
プロセス 221, 235, 238
プロセス改善 240
プロダクト・エリア・リード 212
プロトタイプ 239
フローの改善 226
文化 38-39, 176, 218,
　　　222-223, 225, 229, 232
文化的規範 232
文化の変革 224
分散分析 262
分析 186
分析麻痺 12
分類 261

へ

ペアプログラミング 96
平均修復時間 24-25, 29, 246
平均復旧時間 14
平均分散抽出 259

米国政府機関 87
変革型リーダーシップ
.... 140, 142-144, 253
変更管理委員会 34
変更管理プロセス 95
変更失敗率
.... 14, 25-26, 29, 59, 246
変更諮問委員会 13, 95, 239
変更承認プロセス
.... 93, 95-96, 239, 242, 247
変更の承認 250
弁別的妥当性
.... 42, 177, 259-260

ほ

奉仕型リーダーシップ
.... 142-143
母集団 159, 198, 202
本番稼働 86
本番環境 236

ま

マイノリティ 131, 254
マーカー変数検定 258
学び 227, 228, 240
　直接的な学び 225
学びの流れ 216
マネジメント 233
マネジメントチーム 222-223
マネジメントのプラクティス
.... 225

み

見える化 93
見せかけ 98
ミディアムパフォーマー
.... 26-27, 30, 47, 79,
　　　246-247, 249, 253

む

無関心 115
無力感 115

め

メインフレーム 74, 249
メンタリング 217

も
燃え尽き症候群..........34, 60-61, 101, 104, 108, 248
　⇒ バーンアウト
燃え尽き症候群の緩和度
..................................248, 250
目標.................................... 127
モデリング............................. 217
モニタリング..................... 59, 150
問題......................................114
問題解決法.......................... 220

や
役割分担............................... 97
誘導する質問...................... 172

ゆ
雪だるま式抽出............. 202, 258

よ
予測..............................244, 261
予測尺度................................64
予測的分析.......................... 165
予測要因............................... 32
予定外の作業................... 62-63

ら
ライトウェイト....................... 242
ラギッドマニフェスト......... 88-89

り
リアーキテクチャ..................... 27
離職率..........................193-194
リスク管理フレームワーク......87
リズム..................................227
リーダー..........140-141, 219, 223
リーダーシップ...............140-141, 208, 232, 241-242, 253
リーダーシップのプラクティス
....225
リッカート尺度........41, 56, 157
リード............................ 211, 214
リードタイム
........................6, 14, 25, 239, 246
　変更のリードタイム 26, 28
リードタイムの削減 21, 23

量
量的調査研究.......................... 157
量的調査データ 167
利用率.............................18, 20
リーン開発............................. 217
リーン思考.............................235
　リーン思考のプラクティス
....119
リーンスタートアップ................100
リーン生産方式........................92
リーン製品開発
..................100, 102, 242, 253
　リーン製品開発の
　プラクティス............. 101
リーン製品管理............105, 250
　リーン製品管理の
　プラクティス 104
リーンソフトウェア開発............. 8
リーンなプラクティス 126
リーンマネジメント.............49, 93, 95, 98, 117, 127, 242, 250
　リーンマネジメントの
　構成要素................................ 93
　リーンマネジメントの
　プラクティス 93, 118, 129

る
ルーティン 215, 227
冷笑癖...................................115

れ
レビュー 98
連携の重視.........................225
連邦情報セキュリティ
マネジメント法.........................87

ろ
ロイヤルティ 122
ローパフォーマー 26-27, 30-31, 47, 62, 73-74, 79, 88, 124, 245-249, 253, 255

わ
枠組み 18
ワークフローの可視化............93

著者紹介

Dr. Nicole Forsgren —— DORA(DevOps Research and Assessment)社のCEO兼主任研究員。DevOpsに関するものでは過去最大規模の研究を率いる主任研究者として最も知名度が高いが、教授職およびパフォーマンスエンジニアも兼務し、研究成果を複数の学会誌に発表してきた。

Jez Humble —— 『The DevOps Handbook』『Lean Enterprise』『Continuous Delivery』(Jolt Awardを受賞)の共著者。DORA社を立ち上げ、高業績のチームの育成法を研究するかたわら、カリフォルニア大学バークレー校で教鞭も執っている。

Gene Kim —— Tripwireの創業に参加しCTOを13年務めた後、IT Revolutionを創業しDevOpsなどに関する調査・研究を行っている。『The Phoenix Project』『The DevOps Handbook』『The Visible Ops Handbook』の共著者。多彩な受賞歴を誇る。「DevOps Enterprise Summitカンファレンス」も主催している。

翻訳者

武舎広幸（むしゃ ひろゆき）——マーリンアームズ株式会社代表取締役。機械翻訳など言語処理ソフトウェアの開発と人間翻訳に従事。国際基督教大学の語学科に入学するも、理学科（数学専攻）に転科。山梨大学大学院修士課程に進学し、ソフトウェア工学を専攻。修了後、東京工業大学大学院博士課程に入学。米国オハイオ州立大学大学院、カーネギーメロン大学機械翻訳センター（客員研究員）に留学したのち、満期退学後、マーリンアームズ株式会社を設立。

武舎るみ（むしゃ るみ）——マーリンアームズ株式会社取締役。心理学およびコンピュータ関連の書籍翻訳のほか、フィクションの翻訳にも従事。オンライン翻訳講座の運営も行っている。学習院大文学部英米文学科卒。

STAFF LIST

カバーデザイン	岡田章志
本文デザイン	オガワヒロシ（VAriant Design）
DTP	株式会社ウイリング
編集	石橋克隆

本書のご感想をぜひお寄せください

https://book.impress.co.jp/books/1118101029

読者登録サービス CLUB Impress
アンケート回答者の中から、抽選で図書カード（1,000円分）などを毎月プレゼント。当選者の発表は賞品の発送をもって代えさせていただきます。
※プレゼントの賞品は変更になる場合があります。

■商品に関する問い合わせ先
このたびは弊社商品をご購入いただきありがとうございます。本書の内容などに関するお問い合わせは、下記のURLまたは二次元バーコードにある問い合わせフォームからお送りください。

https://book.impress.co.jp/info/

上記フォームがご利用いただけない場合のメールでの問い合わせ先
info@impress.co.jp

※お問い合わせの際は、書名、ISBN、お名前、お電話番号、メールアドレス に加えて、「該当するページ」と「具体的なご質問内容」「お使いの動作環境」を必ずご明記ください。なお、本書の範囲を超えるご質問にはお答えできないのでご了承ください。

- 電話やFAXでのご質問には対応しておりません。また、封書でのお問い合わせは回答までに日数をいただく場合があります。あらかじめご了承ください。
- インプレスブックスの本書情報ページ https://book.impress.co.jp/books/1118101029 では、本書のサポート情報や正誤表・訂正情報などを提供しています。あわせてご確認ください。
- 本書の奥付に記載されている初版発行日から3年が経過した場合、もしくは本書で紹介している製品やサービスについて提供会社によるサポートが終了した場合はご質問にお答えできない場合があります。

■落丁・乱丁本などの問い合わせ先
FAX 03-6837-5023
service@impress.co.jp
- 古書店で購入されたものについてはお取り替えできません。

著者、訳者、および株式会社インプレスは、本書の記述が正確なものとなるように最大限努めましたが、本書に含まれるすべての情報が完全に正確であることを保証することはできません。また、本書の内容に起因する直接的および間接的な損害に対して一切の責任を負いません。

LeanとDevOpsの科学 [Accelerate]
テクノロジーの戦略的活用が組織変革を加速する

2018年11月21日　初版第1刷発行
2024年 8月21日　初版第8刷発行

著　者	Nicole Forsgren Ph.D.、Jez Humble、Gene Kim
訳　者	武舎広幸、武舎るみ
発行人	小川 亨
編集人	高橋隆志
発行所	株式会社インプレス
	〒101-0051　東京都千代田区神田神保町一丁目105番地
	ホームページ　https://book.impress.co.jp/

本書は著作権法上の保護を受けています。本書の一部あるいは全部について（ソフトウェア及びプログラムを含む）、株式会社インプレスから文書による許諾を得ずに、いかなる方法においても無断で複写、複製することは禁じられています。本書に登場する会社名、製品名は、各社の登録商標または商標です。本文では、®や™マークは明記しておりません。

印刷所	株式会社ウイル・コーポレーション

ISBN978-4-295-00490-5　　　C3055

Printed in Japan